自动化专业本科系列规划教材

ChuanGanQi Yu JianCe JiShu ShiYan ZhiDaoShu

传感器与检测技术实验指导书

主　编　海　涛
副主编　石岳峰　韦善革　张镱议
　　　　易　丐　朱浩亮　李珍珍
参　编　陈　苏　刘军晖　刘　伟　黄新迪

重庆大学出版社

内容提要

本书共分12个模块，由三个部分构成：第一部分（模块1~模块3）为基础部分，由应变片、差动变压器、电容式传感器等内容构成；第二部分（模块4~模块11）综合部分，由线性霍尔传感器、压电式传感器、电涡流传感器、温度传感器、气敏及湿度传感器、光源感器、超声波传感器、光源传感器等内容构成；第三部分（模块12）是由虚拟仪器实验构成。每个模块由若干个实验组成，描述了传感器工作原理、实验目的、需用器件与单元、实验步骤、注意事项等，部分实验要求将实验数据填入表格进行分析。这些实验是针对温度、压力、流量、物位、转速、位移、加速度等各种非电量参数分析及测量方法的综合实验。本书与海涛等编著的《传感器与检测技术》教材配套使用。

本书可以作为自动化及相关专业本科生和研究生相关实验参考书。

图书在版编目(CIP)数据

传感器与检测技术实验指导书/海涛主编.—重庆：重庆大学出版社，2016.5
自动化专业本科系列教材
ISBN 978-7-5624-9758-5

Ⅰ.①传… Ⅱ.①海… Ⅲ.①传感器—检测—高等学校—教材 Ⅳ.①TP212

中国版本图书馆CIP数据核字(2016)第085866号

传感器与检测技术实验指导书

主 编 海 涛
副主编 石岳峰 韦善革 张镱议
易 丐 朱浩亮 李珍珍
策划编辑：曾显跃
责任编辑：文 鹏 版式设计：曾显跃
责任校对：关德强 责任印制：赵 晟

*

重庆大学出版社出版发行
出版人：易树平
社址：重庆市沙坪坝区大学城西路21号
邮编：401331
电话：(023) 88617190 88617185(中小学)
传真：(023) 88617186 88617166
网址：http://www.cqup.com.cn
邮箱：fxk@cqup.com.cn (营销中心)
全国新华书店经销
重庆升光电力印务有限公司印刷

*

开本：787mm×1092mm 1/16 印张：8.5 字数：212千
2016年5月第1版 2016年5月第1次印刷
印数：1—3 000
ISBN 978-7-5624-9758-5 定价：19.00元

前言

本书共描述了12个实验模块:应变片模块;差动变压器模块;压阻式压力传感器模块;电容式传感器模块;线性霍尔传感器模块;压电式传感器模块;电涡流传感器模块;Pt100铂电阻模块;K热电偶模块;集成温度传感器(AD590)模块;气敏传感器模块;湿度传感器模块;光源感器模块;超声波传感器模块;光源感器模块;基于虚拟仪器的实验模块;综合实验模块。

本书与海涛等编著的《传感器与检测技术》配套使用。实验平台是采用浙江高联仪器技术有限公司生产的CSY(2000、3000、4000)系列产品。为方便实验平台操作,实验指导书部分参考CSY说明书内容,书中共设置了12个实验模块共42个实验,每个模块由若干个实验组成,介绍了传感器的工作原理、实验目的、需用器件与单元、实验步骤、注意事项、思考题等,部分实验还需将实验数据填入表格进行分析。最后一章是描述虚拟仪器的实验模块,需要另配设备使用。

本书是为配合课程而设计的,主要帮助学生理解和加深课堂所学的内容;将实验平台结合教学内容,让学生了解并利用实验平台资源,用于课程设计、毕业设计、自制装置,还可以设计与传感器、检测技术相关的实验。

本书由广西大学电气工程学院硕士生导师、教授级高级工程师海涛担任主编;浙江高联仪器技术有限公司石岳峰、广西大学电气工程学院韦善革、张镱议、易丏,南宁学院朱浩亮、李珍珍担任副主编;刘军晖、刘伟、陈苏、闻科伟、张朝及广西计量检测研究所黄新迪参与编写工作。

由于编者水平有限,书中难免存在一些缺点和错误,希望广大读者批评指正。作者电子邮箱:haitao5913@163.com

编　者

2016年2月

目录

模块 1
应变片传感器实验

(1)**应变片工作原理**

电阻应变式传感器是一种利用电阻材料的应变效应将工程结构件的内部变形转换为电阻变化的传感器,它是通过在弹性元件上通过特定工艺粘贴电阻应变片来组成。此类传感器主要是通过一定的机械装置将被测量转化成弹性元件的变形,然后由电阻应变片将弹性元件的变形转换成电阻的变化,再通过测量电路将电阻的变化转换成电压或电流变化信号输出。它可用于能转化成变形的各种非电物理量的检测,如力、加速度、力矩等,在机械加工、计量、建筑测量等行业应用十分广泛。

(2)**应变片的电阻应变效应**

所谓电阻应变效应,是指具有规则外形的金属导体或半导体材料在外力作用下产生应变而其电阻值也会产生相应地改变,这一物理现象称为“电阻应变效应”。以圆柱形导体为例,设其长为 L、半径为 r、材料的电阻率为 ρ 时,根据电阻的定义式得

$$R=\rho\frac{L}{A}=\rho\frac{L}{\pi\cdot r^2} \tag{1.1}$$

当导体因某种原因产生应变时,其长度 L、截面积 A 和电阻率 ρ 的变化为 $\mathrm{d}L$、$\mathrm{d}A$、$\mathrm{d}\rho$,相应的电阻变化为 $\mathrm{d}R$。对式(1.1)全微分得电阻变化率 $\mathrm{d}R/R$ 为

$$\frac{\mathrm{d}R}{R}=\frac{\mathrm{d}L}{L}-2\frac{\mathrm{d}r}{r}+\frac{\mathrm{d}\rho}{\rho} \tag{1.2}$$

式中:$\mathrm{d}L/L$ 为导体的轴向应变量 ε_L;$\mathrm{d}r/r$ 为导体的横向应变量 ε_r。

由材料力学得

$$\varepsilon_L=-\mu\varepsilon_r \tag{1.3}$$

式中:μ 为材料的泊松比,大多数金属材料的泊松比为 0.3~0.5 左右;负号表示两者的变化方向相反。将式(1.3)代入式(1.2),得

$$\frac{\mathrm{d}R}{R}=(1+2\mu)\varepsilon+\frac{\mathrm{d}\rho}{\rho} \tag{1.4}$$

式(1.4)说明电阻应变效应主要取决于它的几何应变(几何效应)和本身特有的导电性能(压阻效应)。

(3)**应变灵敏度**

应变灵敏度是指电阻应变片在单位应变作用下所产生的电阻的相对变化量。

①金属导体的应变灵敏度 K 主要取决于其几何效应,可取

$$\frac{dR}{R} \approx (1 + 2\mu)\varepsilon_l \tag{1.5}$$

其灵敏度系数为

$$K = \frac{dR}{\varepsilon_l R} = 1 + 2\mu$$

金属导体在受到应变作用时将产生电阻的变化,拉伸时电阻增大,压缩时电阻减小,且与其轴向应变成正比。金属导体的电阻应变灵敏度一般在 2 左右。

②半导体的应变灵敏度主要取决于其压阻效应:

$$\frac{dR}{R} < \approx \frac{d\rho}{\rho}$$

半导体材料之所以具有较大的电阻变化率,是因为它有远比金属导体显著得多的压阻效应。半导体在受力变形时会暂时改变晶体结构的对称性,从而改变了导电机理,使得电阻率发生变化,这种物理现象称为半导体的压阻效应。不同材质的半导体材料在不同受力条件下产生的压阻效应不同,可以是正(使电阻增大)的或负(使电阻减小)的压阻效应。也就是说,同样是拉伸变形,不同材质的半导体将得到完全相反的电阻变化效果。

半导体材料的电阻应变效应主要体现为压阻效应,其灵敏度系数较大,一般为 100~200。

(4)贴片式应变片应用

在贴片式工艺的传感器上普遍应用金属箔式应变片,贴片式半导体应变片(温漂、稳定性、线性度不好而且易损坏)很少应用。一般半导体应变采用 N 型单晶硅为传感器的弹性元件,在它上面直接蒸镀扩散出半导体电阻应变薄膜(扩散出敏感栅),制成扩散型压阻式(压阻效应)传感器。(注:本实验以金属箔式应变片为研究对象。)

(5)箔式应变片的基本结构

金属箔式应变片是在用苯酚、环氧树脂等绝缘材料的基板上,粘贴直径为 0.025 mm 左右的金属丝或金属箔,如图 1.1 所示。

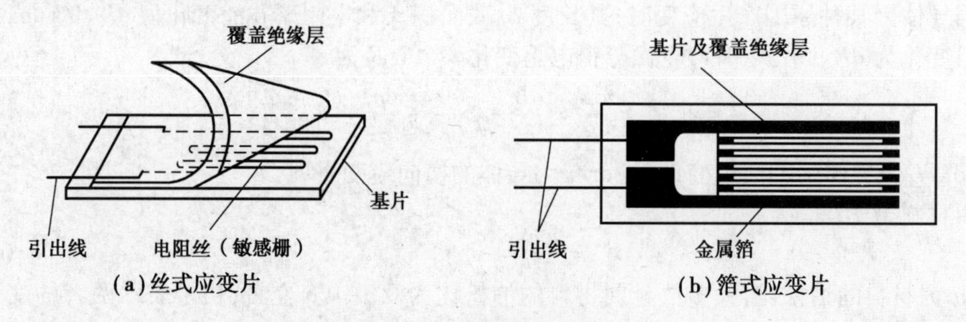

图 1.1 应变片结构图

金属箔式应变片就是通过光刻、腐蚀等工艺制成的应变敏感元件,与丝式应变片工作原理相同。电阻丝在外力作用下发生机械变形时,其电阻值发生变化,这就是电阻应变效应。描述电阻应变效应的关系式为

$$\frac{\Delta R}{R} = K\varepsilon$$

式中:$\Delta R/R$ 为电阻丝与电阻相对变化,K 为应变灵敏系数,$\varepsilon=\Delta L/L$ 为电阻丝长度相对变化。

(6)**测量电路**

为了将电阻应变式传感器的电阻变化转换成电压或电流信号,在应用中一般采用电桥电路作为其测量电路。电桥电路具有结构简单、灵敏度高、测量范围宽、线性度好且易实现温度补偿等优点,能较好地满足各种应变测量要求,因此在应变测量中得到了广泛的应用。

电桥电路按其工作方式分有单臂、双臂和全桥三种,单臂工作输出信号最小、线性和稳定性较差;双臂输出是单臂的 2 倍,性能比单臂有所改善;全桥工作时的输出是单臂时的 4 倍,性能最好。因此,为了得到较大的输出电压信号一般都采用双臂或全桥工作,基本电路如图 1.2(a)、(b)、(c)所示。

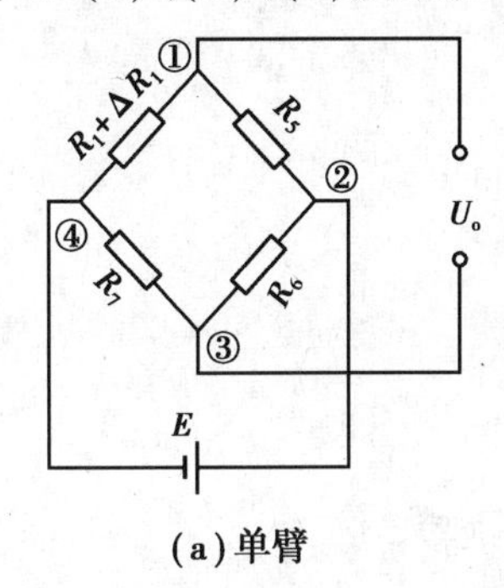

(a)单臂

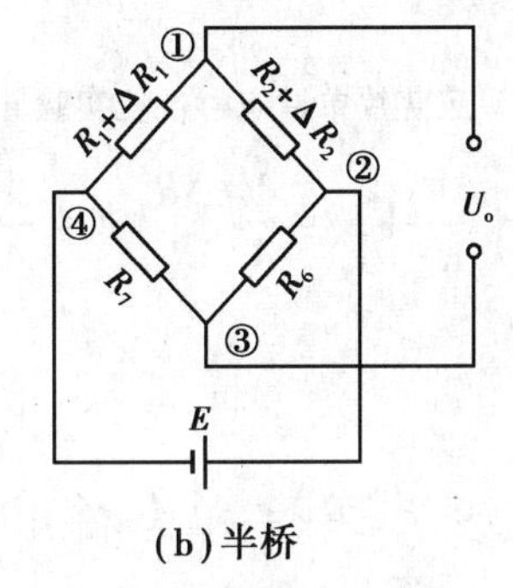

(b)半桥

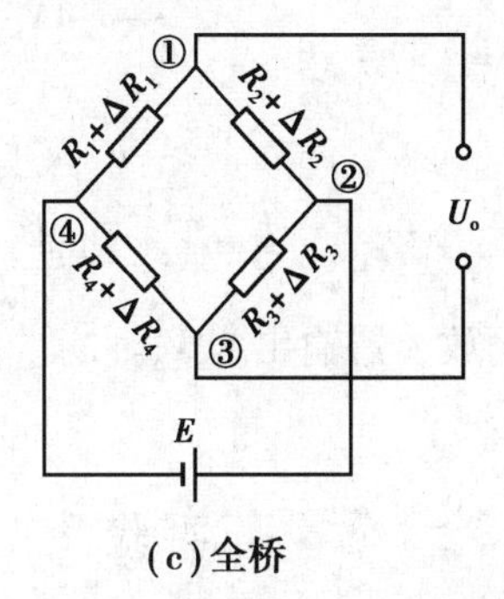

(c)全桥

图 1.2　应变片测量电路

①单臂:

$$
\begin{aligned}
U_o &= U_{①} - U_{③} \\
&= \left[\left(R_1 + \frac{\Delta R_1}{R_1 + \Delta R_1 + R_5}\right) - \frac{R_7}{R_7 + R_6}\right] E \\
&= \left[\frac{(R_7 + R_6)(R_1 + \Delta R_1) - R_7(R_5 + R_1 + \Delta R_1)}{(R_5 + R_1 + \Delta R_1)(R_7 + R_6)}\right] E
\end{aligned}
$$

设 $R_1=R_5=R_6=R_7$,且$\dfrac{\Delta R_1}{R_1}=\dfrac{\Delta R}{R}\ll 1$,$\dfrac{\Delta R}{R}=K\varepsilon$,$K$ 为灵敏度系数。

则
$$U_o \approx \frac{1}{4}\left(\frac{\Delta R_1}{R_1}\right) E = \frac{1}{4}\left(\frac{\Delta R}{R}\right) E = \frac{1}{4}K\varepsilon \cdot E$$

②双臂(半桥):

$$U_o \approx \frac{1}{2}\left(\frac{\Delta R}{R}\right) E = \frac{1}{2}K\varepsilon \cdot E$$

③全桥:

$$U_o \approx \left(\frac{\Delta R}{R}\right) E = K\varepsilon \cdot E$$

(7)**箔式应变片单臂电桥**

实验原理如图 1.3 所示。

图中 R_5、R_6、R_7 为 350 Ω 固定电阻,R_1 为应变片; R_{W1} 和 R_8 组成电桥调平衡网络,E 为供桥电源±4 V。桥路输出电压为

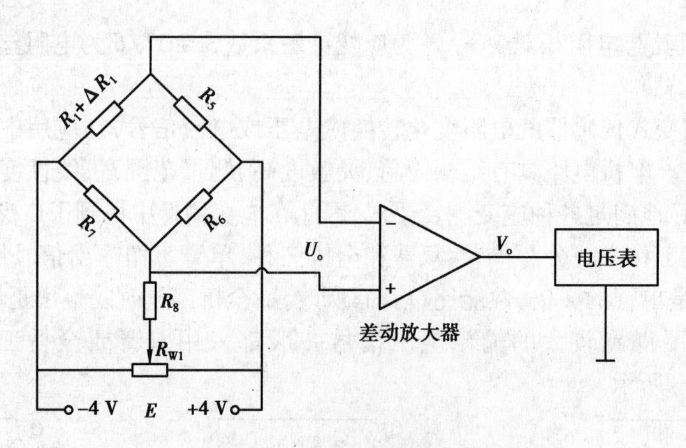

图 1.3　应变片单臂电桥性能实验原理图

$$U_o \approx \frac{1}{4}\left(\frac{\Delta R_4}{R_4}\right) E = \frac{1}{4}\left(\frac{\Delta R}{R}\right) E = \frac{1}{4}K\varepsilon \cdot E$$

差动放大器输出为 V_o。

实验 1.1　应变片单臂和全桥电桥性能实验

1.1.1　实验目的

掌握电阻应变片的工作原理与应用并掌握应变片测量电路。

1.1.2　需用器件与单元

主机箱中的±2~±10 V(步进可调)直流稳压电源、±15 V 直流稳压电源、电压表;应变式传感器实验模板、托盘、砝码; $4\frac{1}{2}$位数显万用表(自备)。

1.1.3　实验步骤

应变传感器实验模板由应变式双孔悬臂梁载荷传感器(称重传感器)、加热器+5 V 电源输入口、多芯插头、应变片测量电路、差动放大器组成。实验模板中的 R_1(传感器的左下)、R_2(传感器的右下)、R_3(传感器的右上)、R_4(传感器的左上)为称重传感器上的应变片输出口;没有文字标记的 5 个电阻符号是空的无实体,其中 4 个电阻符号组成电桥模型是为电路初学者组成电桥接线方便而设;R_5、R_6、R_7 是 350 Ω 固定电阻,是为应变片组成单臂电桥、双臂电桥(半桥)而设的其他桥臂电阻。加热器+5 V 是传感器上的加热器的电源输入口,用于应变片温度影响实验。多芯插头是振动源的振动梁上的应变片输入口,用于应变片测量振动实验。

①将托盘安装到传感器上,如图 1.4 所示。

②测量应变片的阻值。当传感器的托盘上无重物时,分别测量应变片 R_1、R_2、R_3、R_4 的阻

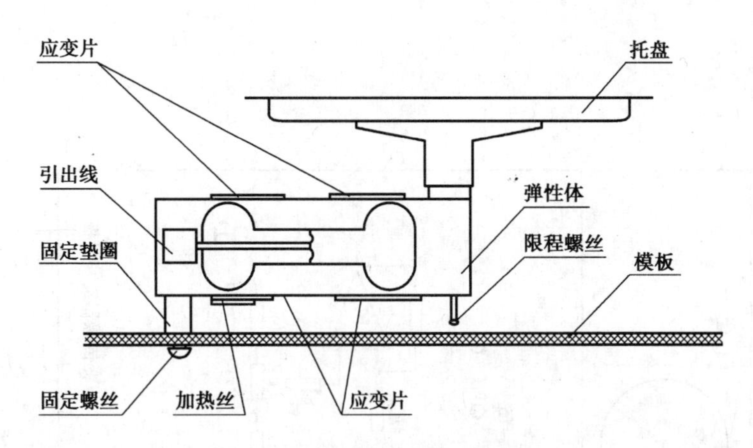

图 1.4　传感器托盘安装示意图

值。在传感器的托盘上放置 10 只砝码后再分别测量 R_1、R_2、R_3、R_4 的阻值变化，分析应变片的受力情况（受拉的应变片：阻值变大，受压的应变片：阻值变小）。

③实验模板中的差动放大器调零。按图 1.6 示意接线，将主机箱上的电压表量程切换开关切换到 2 V 挡，检查接线无误后合上主机箱电源开关；调节放大器的增益电位器 R_{W3} 合适位置（先顺时针轻轻转到底，再逆时针回转 1 圈）后，再调节实验模板放大器的调零电位器 R_{W4}，使电压表显示为零。

④应变片单臂电桥实验。关闭主机箱电源，按图 1.7 示意图接线，将±2～±10 V 可调电源调节到±4 V 挡。检查接线无误后合上主机箱电源开关，调节实验模板上的桥路平衡电位器 R_{W1}，使主机箱电压表显示为零；在传感器的托盘上依次增加放置一只 20 g 砝码（尽量靠近托盘的中心点放置），读取相应的数显表电压值，记下实验数据填入表 1.1。

表 1.1　应变片单臂电桥性能实验数据

质量/g										
电压/mV										

⑤根据表 1.1 数据作出曲线并计算系统灵敏度 $S=\dfrac{\Delta V}{\Delta W}$（$\Delta V$ 为输出电压变化量，ΔW 为重量变化量）和非线性误差 δ。

$$\delta = \frac{\Delta m}{yFS} \times 100\%$$

式中，Δm 为输出值（多次测量时为平均值）与拟合直线的最大偏差：yFS 满量程输出平均值，此处为 200 g。

实验完毕，关闭电源。

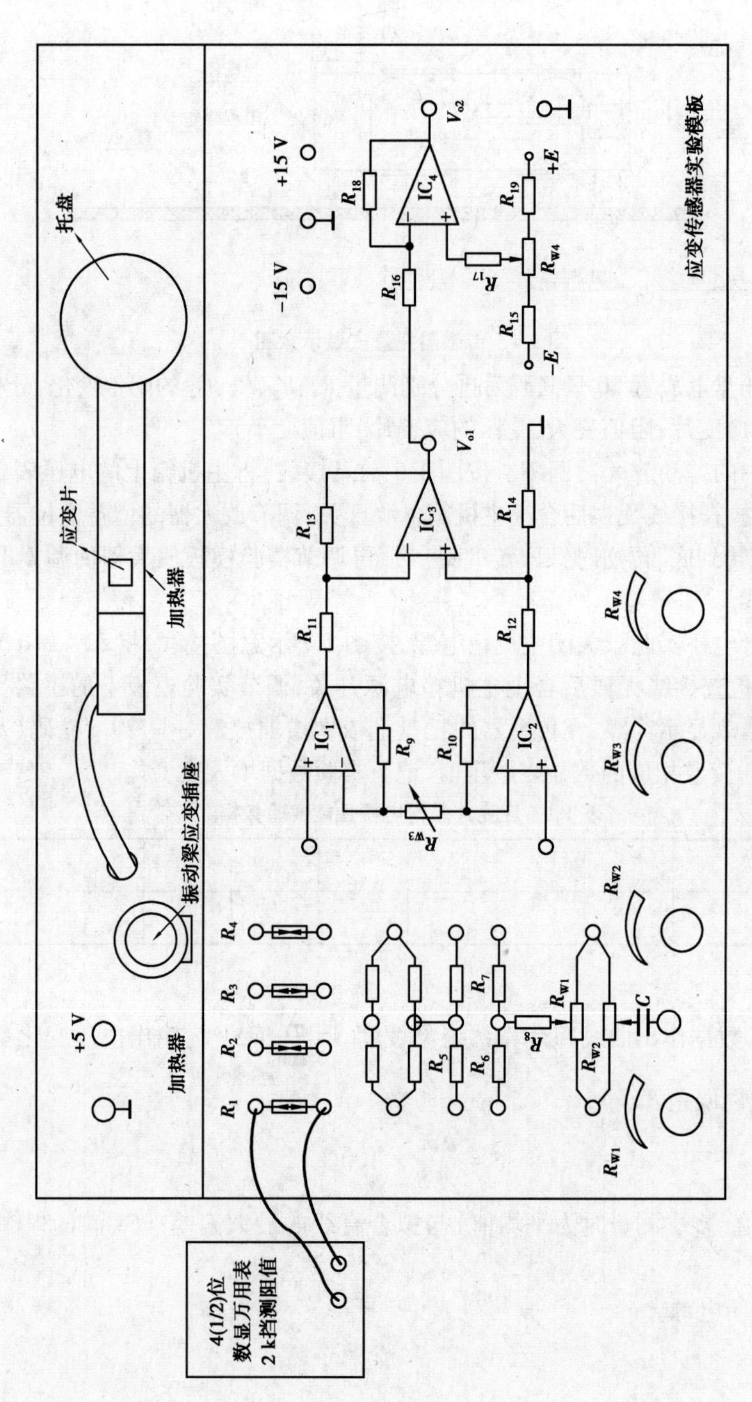

图1.5 测量应变片的阻值示意图

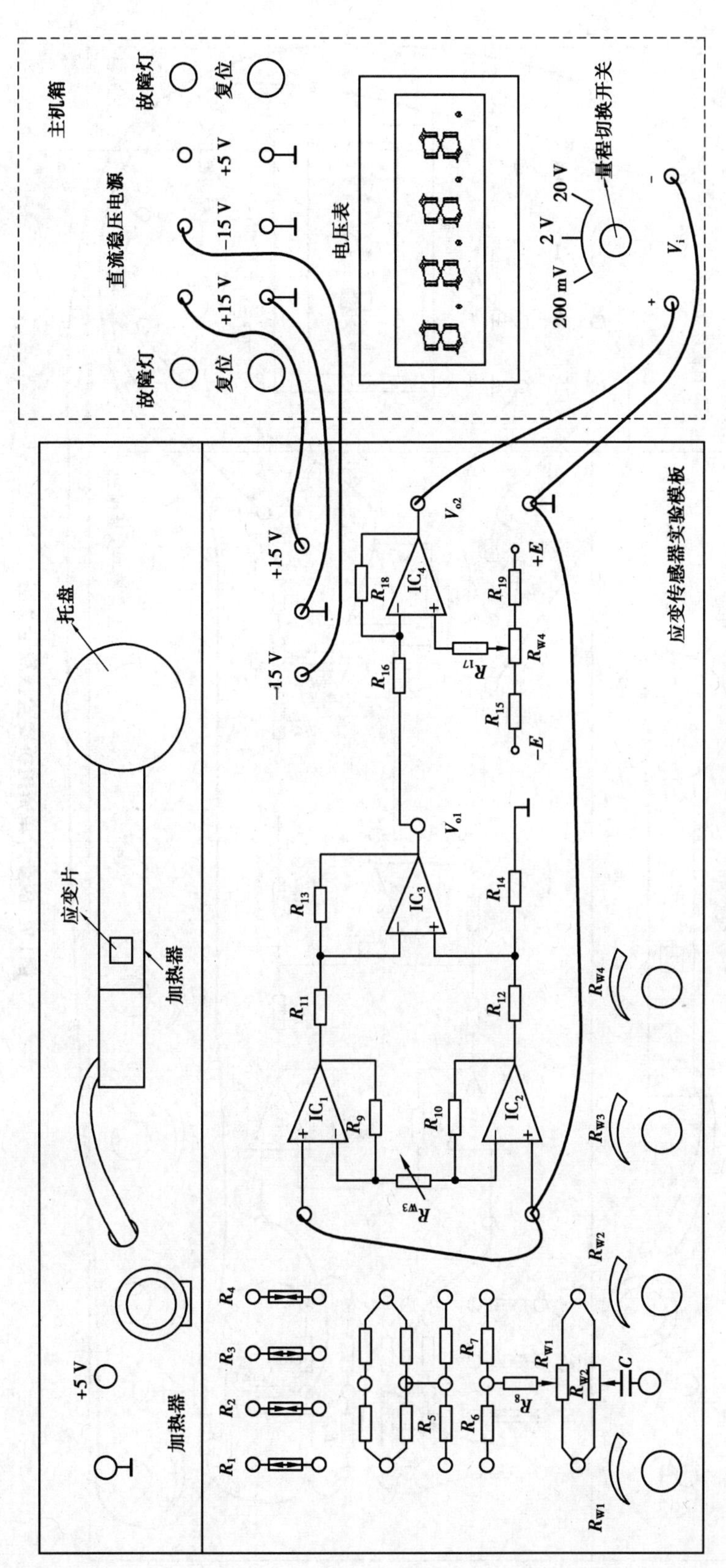

图1.6　差动放大器调零接线示意图

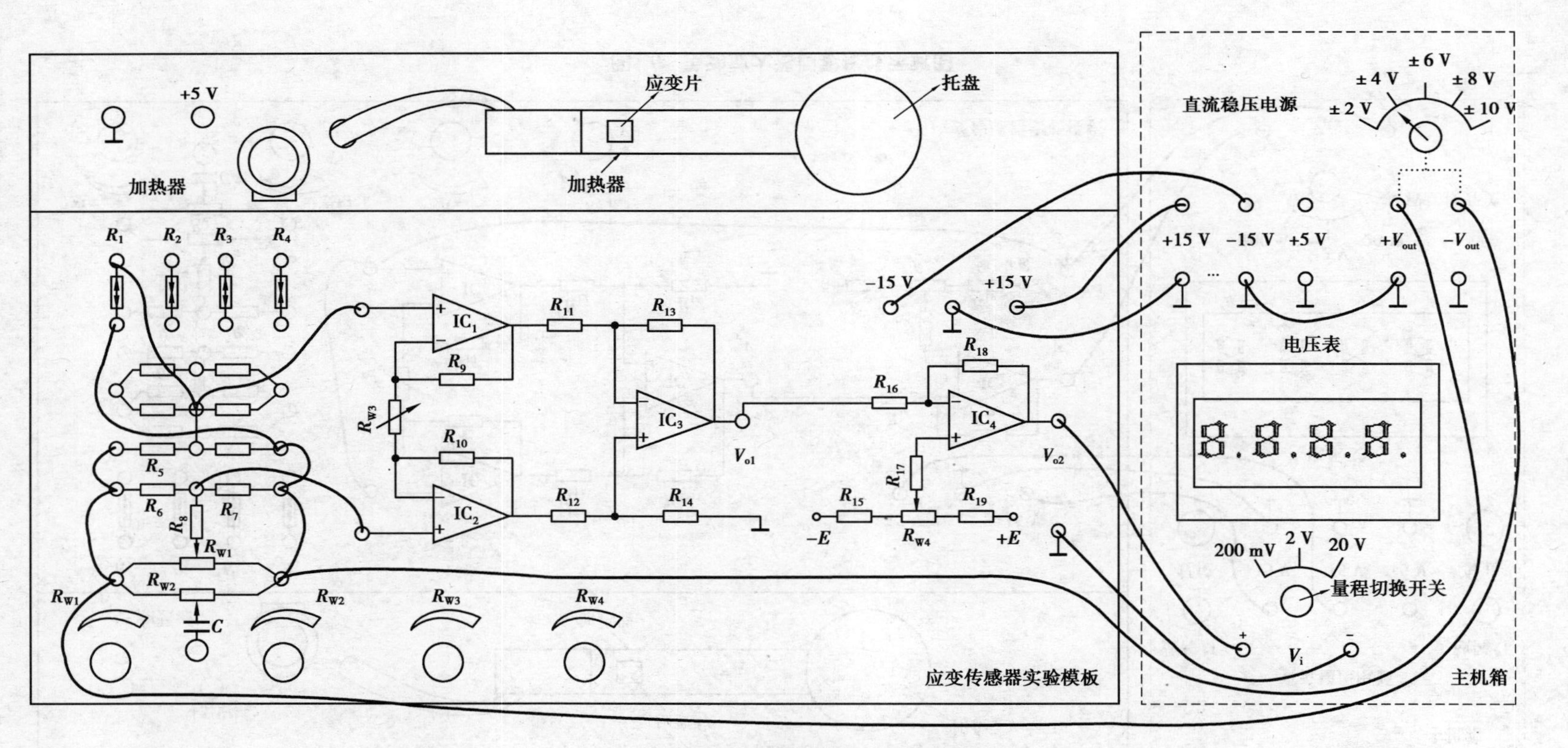

图1.7 应变片单臂电桥实验接线示意图

实验 1.2 应变片全桥性能实验

1.2.1 实验目的

了解应变片全桥工作特点及性能。

1.2.2 基本原理

应变片基本原理参阅实验 1.1。应变片全桥特性实验原理如图 1.8 所示。应变片全桥测量电路中,将应力方向相同的两应变片接入电桥对边,相反的应变片接入电桥邻边。当应变片初始阻值 $R_1=R_2=R_3=R_4$,其变化值 $\Delta R_1=\Delta R_2=\Delta R_3=\Delta R_4$ 时,其桥路输出电压 $U_o\approx\left(\frac{\Delta R}{R}\right)E=K\varepsilon E$。其输出灵敏度比半桥又提高了一倍,非线性得到改善。

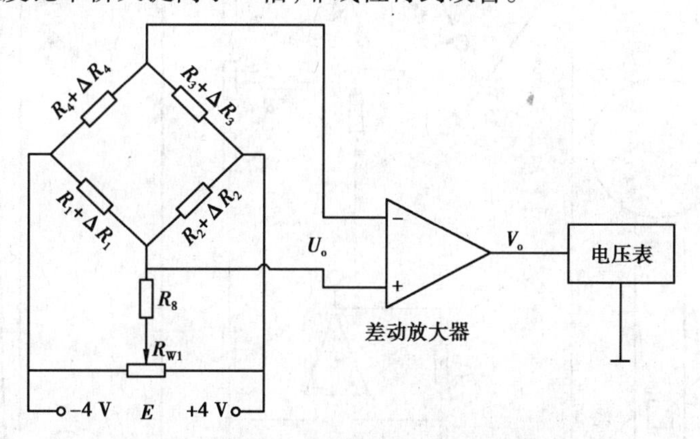

图 1.8 应变片全桥特性实验接线示意图

1.2.3 需用器件和单元

主机箱中的±2~±10 V(步进可调)直流稳压电源、±15 V 直流稳压电源、电压表;应变式传感器实验模板、托盘、砝码。

1.2.4 实验步骤

实验步骤与方法(除了按图 1.9 示意接线外)参照实验 1.1,将实验数据填入表 1.2 中,作出实验曲线并进行灵敏度和非线性误差计算。实验完毕,关闭电源。

表 1.2 全桥性能实验数据

质量/g											
电压/mV											

思考题

测量中,当两组对边(R_1、R_3 为对边)电阻值 R 相同时,即 $R_1=R_3$,$R_2=R_4$,而 $R_1\neq R_2$ 时,是否可以组成全桥。

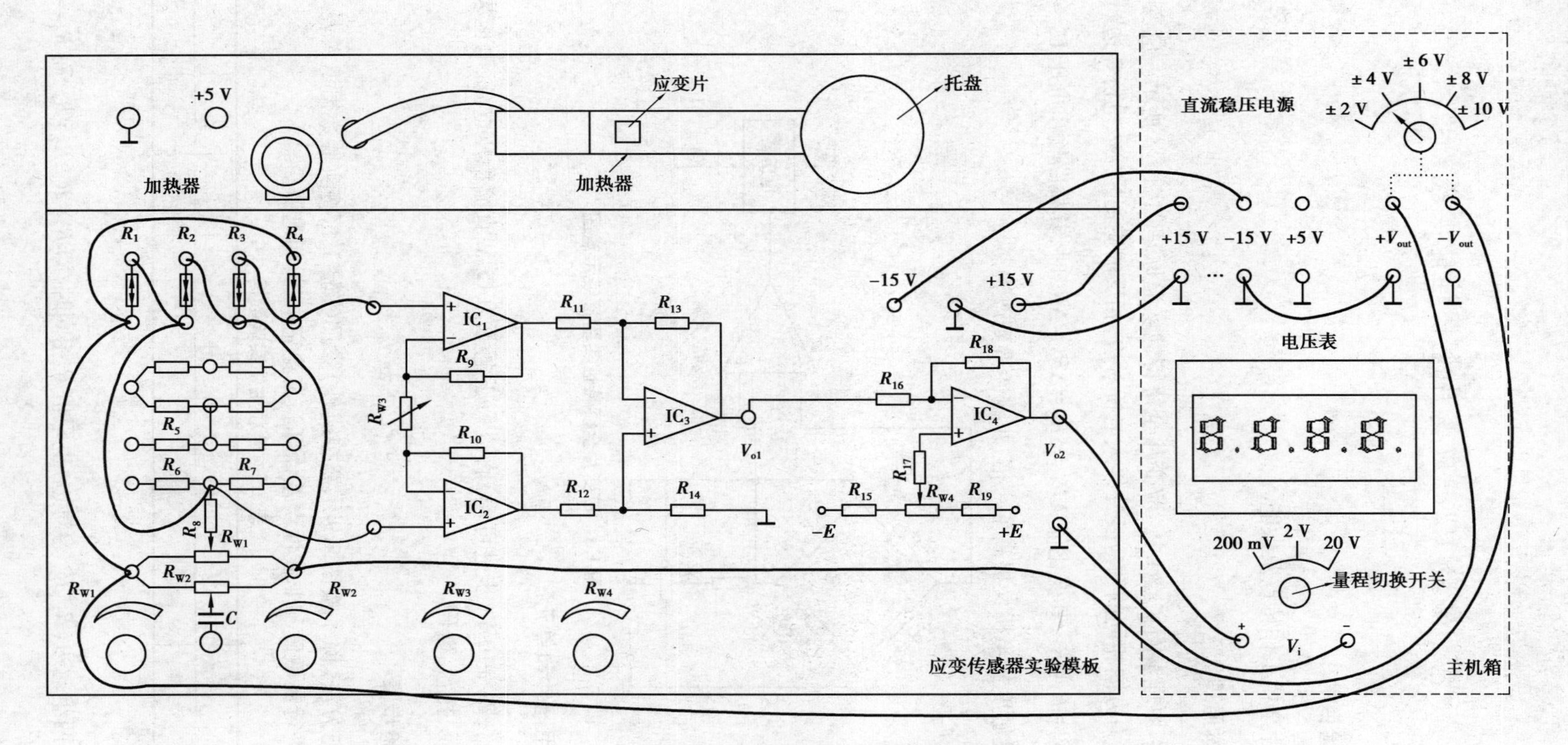

图1.9 应变片全桥性能实验接线示意图

实验1.3 应变片直流全桥的应用——电子秤实验

1.3.1 实验目的

了解应变直流全桥的应用及电路的标定。

1.3.2 基本原理

常用的称重传感器就是应用了箔式应变片及其全桥测量电路。数字电子秤实验原理如图1.10所示。本实验只做放大器输出 V_o 实验，通过对电路的标定使电路输出的电压值为质量对应值，电压量纲改为质量量纲即成为一台原始电子秤。

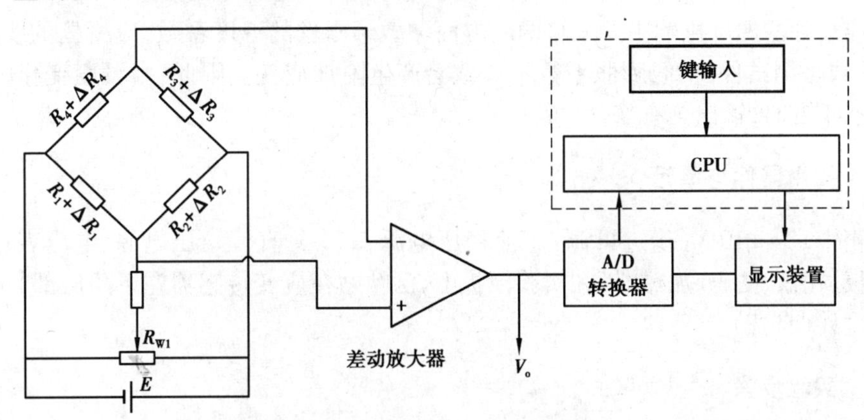

图1.10 数字电子秤原理框图

1.3.3 需用器件与单元

主机箱中的±2～±10 V(步进可调)直流稳压电源、±15 V直流稳压电源、电压表；应变式传感器实验模板、托盘、砝码。

1.3.4 实验步骤

①按实验1.1.3中的步骤②和步骤③实验。

②关闭主机箱电源，按图1.9（应变片全桥性能实验接线示意图）示意接线，将±2～±10 V可调电源调节到±4 V挡。检查接线无误后合上主机箱电源开关，调节实验模板上的桥路平衡电位器 R_{W1}，使主机箱电压表显示为零。

③将10只砝码全部置于传感器的托盘上，调节电位器 R_{W3}（增益即满量程调节）使数显表显示为0.200 V(2 V挡测量)。

④拿去托盘上的所有砝码，调节电位器 R_{W4}(零位调节)，使数显表显示为0.000 V。

⑤重复上两步步骤的标定过程，一直到精确为止，把电压量纲改为质量纲，将砝码依次放在托盘上称重；放上笔、钥匙之类的小东西称重。实验完毕，关闭电源。

思考题

根据实验结果,思考本实验中的电子秤在精度和性能上与市面上的电子秤相比是高还是低?有哪些需要改进或完善的地方?

实验 1.4　应变片的温度影响实验

1.4.1　实验目的

了解温度对应变片测试系统的影响。

1.4.2　基本原理

电阻应变片的温度影响主要来自两个方面。敏感栅丝的温度系数,应变栅的线膨胀系数与弹性体(或被测试件)的线膨胀系数不一致会产生附加应变。因此,当温度变化时,在被测体受力状态不变时,输出会有变化。

1.4.3　需用器件与单元

主机箱中±2~±10 V(步进可调)直流稳压电源、±15 V 直流稳压电源、电压表;应变传感器实验模板、托盘、砝码、加热器(在实验模板上,已粘贴在应变传感器左下角底部)、手持式红外感应温度计(自备)。

1.4.4　实验步骤

①按照实验 1.3 中步骤实验。

②将 200 g 砝码放在托盘上,在数显表上读取记录电压值 U_{o1}。

③将主机箱中直流稳压电源+5 V、⊥端接于实验模板的加热器+5 V、⊥插孔上,数分钟后待数显表电压显示基本稳定后,用手持式红外感应温度计测量当前应变片的温度,并在表 1.3 中记录读数 U_{ot}和温度 t,$U_{ot}-U_{o1}$即为温度变化的影响。计算这一温度变化产生的相对误差:

$$\delta = \frac{U_{ot} - U_{o1}}{U_{o1}} \times 100\%$$

实验完毕,关闭电源。

表 1.3　应变片温度影响实验数据

温度/℃											
电压/mV											

实验1.5　移相器、相敏检波器实验

1.5.1　实验目的

了解移相器、相敏检波器的工作原理。

1.5.2　基本原理

(1)移相器工作原理

图1.11为移相器电路原理图与实验模板上的面板图。

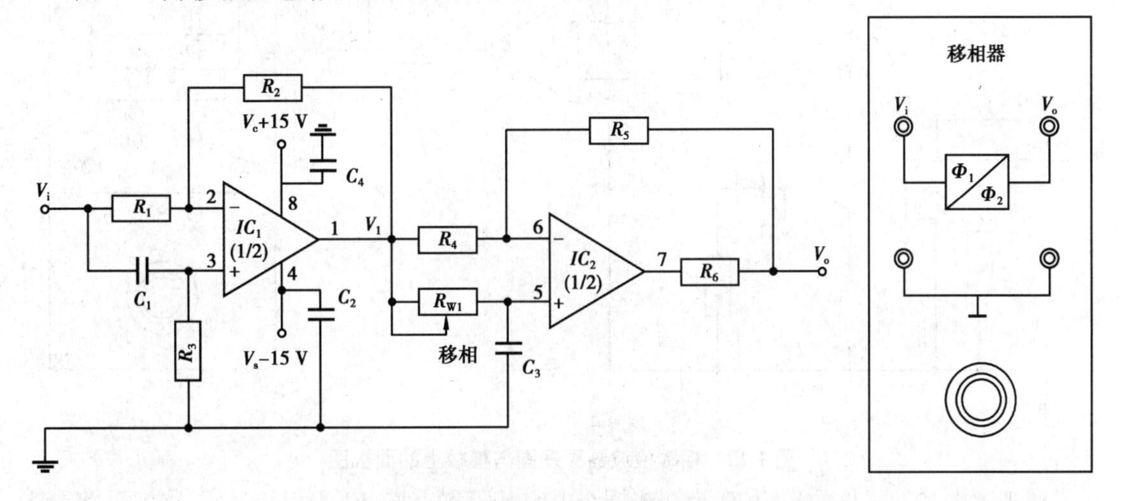

图1.11　移相器原理图与模板上的面板图

图中，IC_1、R_1、R_2、R_3、C_1构成一阶移相器(超前)，在$R_2=R_1$的条件下，可证明其幅频特性和相频特性分别表示为

$$K_{F1}(j\omega)=\frac{V_i}{V_1}=-\frac{1-j\omega R_3C_1}{1+j\omega R_3C_1}$$

$$K_{F1}(\omega)=1$$

$$\Phi_{F1}(\omega)=-\pi-2\arctan\omega R_3C_1$$

其中，$\omega=2\pi f$，f为输入信号频率。同理，由IC_2，R_4，R_5，R_W，C_3构成另一个一阶移相器(滞后)，在$R_5=R_4$条件下的特性为

$$K_{F2}(j\omega)=\frac{V_o}{V_1}=-\frac{1-j\omega R_WC_3}{1+j\omega R_WC_3}$$

$$K_{F2}(\omega)=1K_{F2}(\omega)=1$$

$$\Phi_{F2}(\omega)=-\pi-2\arctan\omega R_WC_3$$

由此可见，根据幅频特性公式，移相前后的信号幅值相等；根据相频特性公式，相移角度的大小和信号频率f及电路中阻容元件的数值有关。显然，当移相电位器$R_W=0$时，上式中$\Phi_{F2}=0$，因此Φ_{F1}决定了图1.11所示的二阶移相器的初始移相角，即

$$\Phi_F = \Phi_{F1} = -\pi - 2\arctan 2\pi f R_3 C_1$$

若调整移相电位器 R_W，则相应的移相范围为

$$\Delta\Phi_F = \Phi_{F1} - \Phi_{F2} = -2\arctan 2\pi f R_3 C_1 + 2\arctan 2\pi f \Delta R_W C_3$$

已知 $R_3 = 10\ k\Omega$，$C_1 = 6\ 800\ pF$，$\Delta R_W = 10\ k\Omega$，$C_3 = 0.022\ \mu F$。如果输入信号频率 f 一旦确定，即可计算出图 1.11 所示二阶移相器的初始移相角和移相范围。

(2)相敏检波器工作原理

图 1.12 为相敏检波器(开关式)原理图与实验模板上的面板图。图中，AC 为交流参考电压输入端，DC 为直流参考电压输入端，V_i端为检波信号输入端，V_o端为检波输出端。

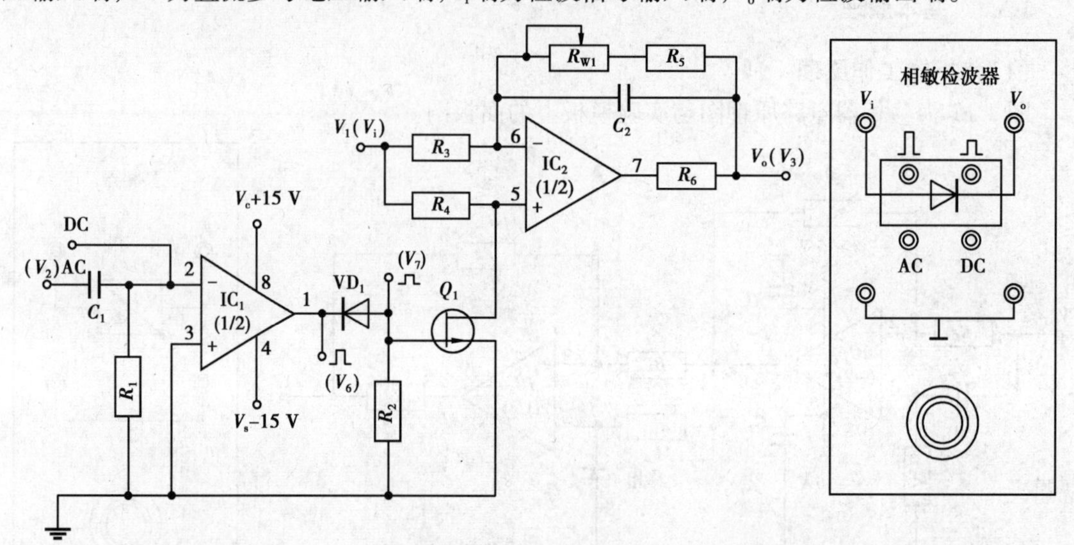

图 1.12　相敏检波器原理图与模板上的面板图

原理图中各元器件的作用：C_1为交流耦合电容并隔离直流；IC_1为反相过零比较器，将参考电压正弦波转换成矩形波(开关波 -14 ~+14 V)；D_1二极管箝位得到合适的开关波形 $V_7 \leqslant 0$ V(-14 ~0 V)；Q_1是结型场效应管，工作在开、关状态；IC_2工作在倒相器、跟随器状态；R_6限流电阻起保护集成块作用。

关键点：Q_1是由参考电压 V_7矩形波控制的开关电路。当 $V_7 = 0$ V 时，Q_1导通，使 IC_2同相输入 5 端接地成为倒相器，即 $V_3 = -V_1$；当 $V_7 < 0$ V 时，Q_1截止(相当于断开)，IC_2成为跟随器，即 $V_3 = V_1$。相敏检波器具有鉴相特性，输出波形 V_3的变化由检波信号 V_1 与参考电压波形 V_2之间的相位决定。图 1.13 为相敏检波器的工作时序图。

1.5.3　需用器件与单元

主机箱中的±2~±10 V(步进可调)直流稳压电源、±15 V 直流稳压电源、音频振荡器；移相器/相敏检波器/低通滤波器实验模板；双踪示波器(自备)。

1.5.4　实验步骤

(1)移相器实验

①调节音频振荡器的幅度为最小(幅度旋钮逆时针轻轻转到底)，按图 1.14 示意接线，检查接线无误后，合上主机箱电源开关，调节音频振荡器的频率(用示波器测量)为 $f = 1$ kHz，幅

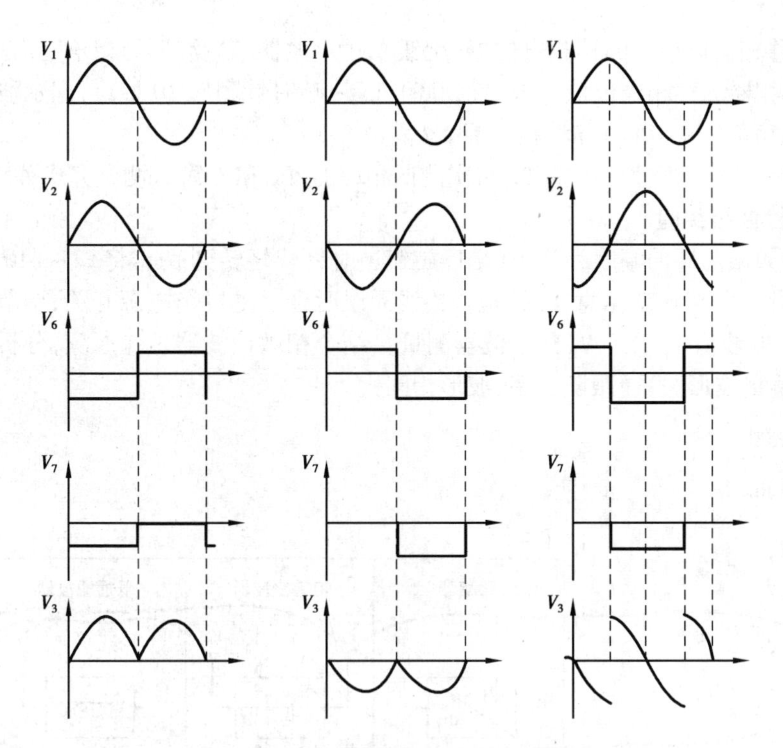

图 1.13　相敏检波器工作时序图

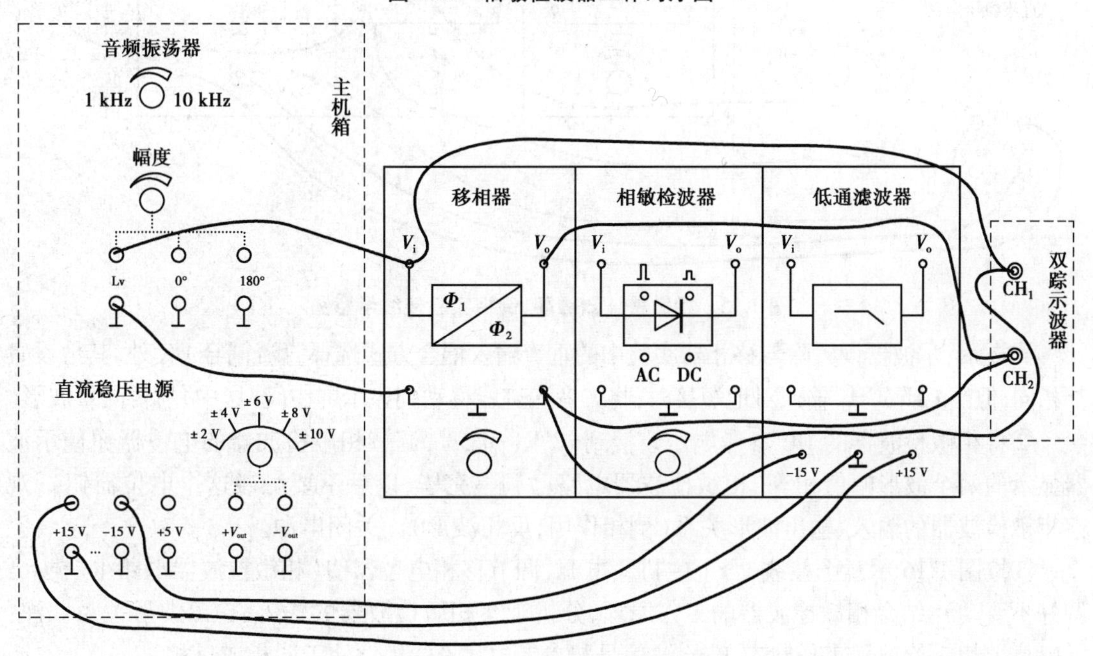

图 1.14　移相器实验接线图

度适中（2 V≤V_{p-p}≤8 V）。

②正确选择双线（双踪）示波器的“触发”方式及其他设置（提示：触发源选择内触发 CH_1，水平扫描速度 TIME/DIV 在 0.1 ms~10 μs 范围内选择，触发方式选择 AUTO，垂直显示方式为双踪显示 DUAL，垂直输入耦合方式选择交流耦合 AC，灵敏度 VOLTS/DIV 在 1 ~5 V 范围内

选择)。调节移相器模板上的移相电位器(旋钮),用示波器测量波形的相角变化。

③调节移相器的移相电位器(逆时针到底 0 kΩ~顺时针到底 10 kΩ),用示波器可测定移相器的初始移相角($\Phi_F=\Phi_{F1}$)和移相范围 $\Delta\Phi_F$。

④改变输入信号频率为 f=9 kHz,再次测试相应的 Φ_F 和 $\Delta\Phi_F$。测试完毕关闭主电源。

(2)相敏检波器实验

①调节音频振荡器的幅度为最小(幅度旋钮逆时针轻轻转到底),将±2~±10 V 可调电源调节到±2 V 挡。按图 1.15 示意接线,检查接线无误后合上主机箱电源开关,调节音频振荡器频率 f=5 kHz,峰峰值 V_{p-p}=5 V(用示波器测量);结合相敏检波器工作原理,分析观察相敏检波器的输入、输出波形关系(跟随关系,波形相同)。

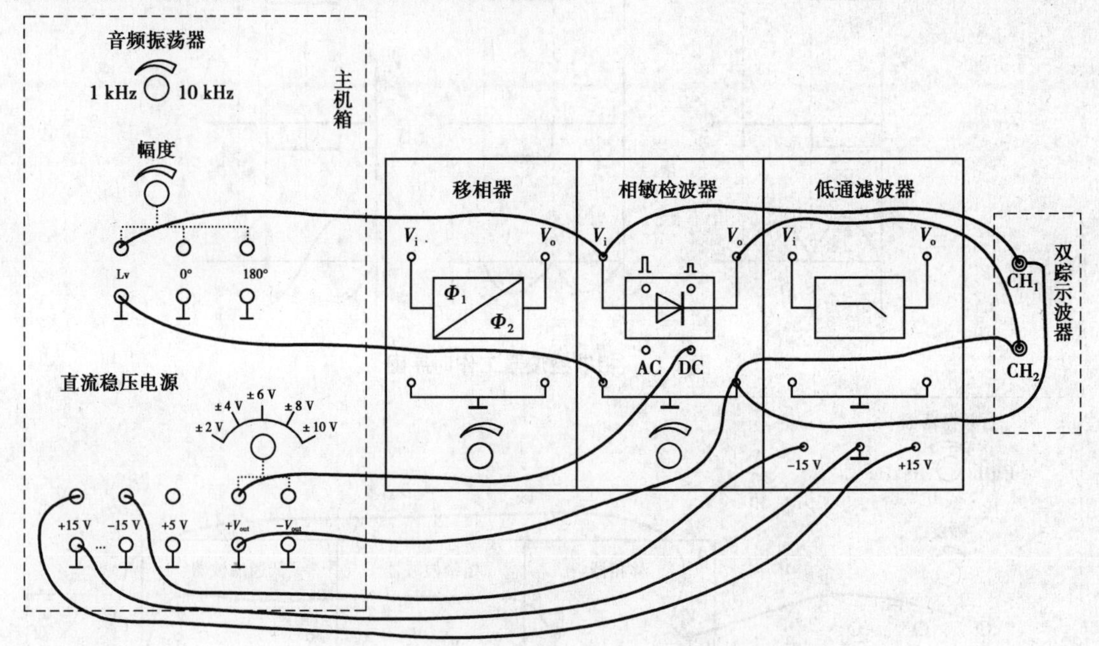

图 1.15　相敏检波器跟随、倒相实验接线示意图

* 提示:示波器设置除与移相器实验中的垂直输入耦合方式选择直流耦合 DC 外,其他设置都相同;但当 CH_1、CH_2 输入对地短接时,将二者光迹线移动到显示屏中间(居中)后再测量波形。

②将相敏检波器的 DC 参考电压改接到-2 V($-V_{out}$),调节相敏检波器的电位器钮使示波器显示的两个波形幅值相等(相敏检波器电路已调整完毕,以后不要触碰这个电位器钮),观察相敏检波器的输入、输出波形关系(倒相作用,反相波形)。关闭电源。

③按图 1.16 示意图接线,合上主机箱电源,调节移相电位器钮(相敏检波器电路上一步已调好不要动),结合相敏检波器的工作原理,分析观察相敏检波器的输入、输出波形关系。注:一般要求相敏检波器工作状态 V_i 检波信号与参考电压 AC 相位处于同相或反相。

④将相敏检波器的 AC 参考电压改接到 180°,调节移相电位器,观察相敏检波器的输入、输出波形关系。关闭电源。

思考题

通过移相器、相敏检波器的实验是否对二者的工作原理有了更深入的理解?作出相敏检波器的工作时序波形,能理解相敏检波器同时具有鉴幅、鉴相特性吗?

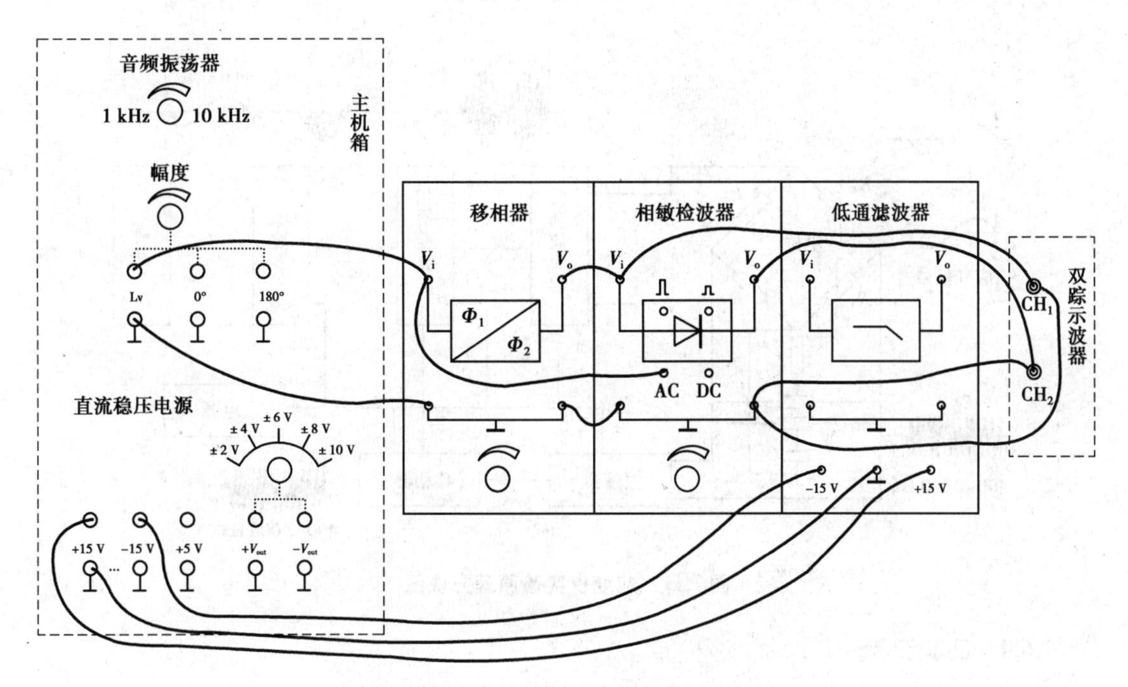

图 1.16 相敏检波器检波实验接线示意图

实验 1.6* 应变片交流全桥的应用(应变仪)——振动测量实验

1.6.1 实验目的

掌握利用应变片交流全桥测量振动的原理与方法。

1.6.2 基本原理

图 1.17 是应变片测振动的实验原理图。当振动源上的振动台受到 $F(t)$ 作用而振动,使粘贴在振动梁上的应变片产生应变信号 dR/R。应变信号 dR/R 由振荡器提供的载波信号 $y(t)$ 经交流电桥调制成微弱调幅波,再经差动放大器放大为 $u_1(t)$;$u_1(t)$ 经相敏检波器检波解调为$u_2(t)$;$u_2(t)$ 经低通滤波器滤除高频载波成分后输出应变片检测到的振动信号 $u_3(t)$(调幅波的包络线),$u_3(t)$ 可用示波器显示。图中,交流电桥就是一个调制电路,$W_1(R_{W1})$、$r(R_8)$、$W_2(R_{W2})$、C 是交流电桥的平衡调节网络,移相器为相敏检波器提供同步检波的参考电压。这也是实际应用中的动态应变仪原理。

1.6.3 需用器件与单元

主机箱中的±2 ~±10 V(步进可调)直流稳压电源、±15 V 直流稳压电源、音频振荡器、低频振荡器;应变式传感器实验模板、移相器/相敏检波器/低通滤波器模板、振动源、双踪示波器(自备)、万用表(自备)。

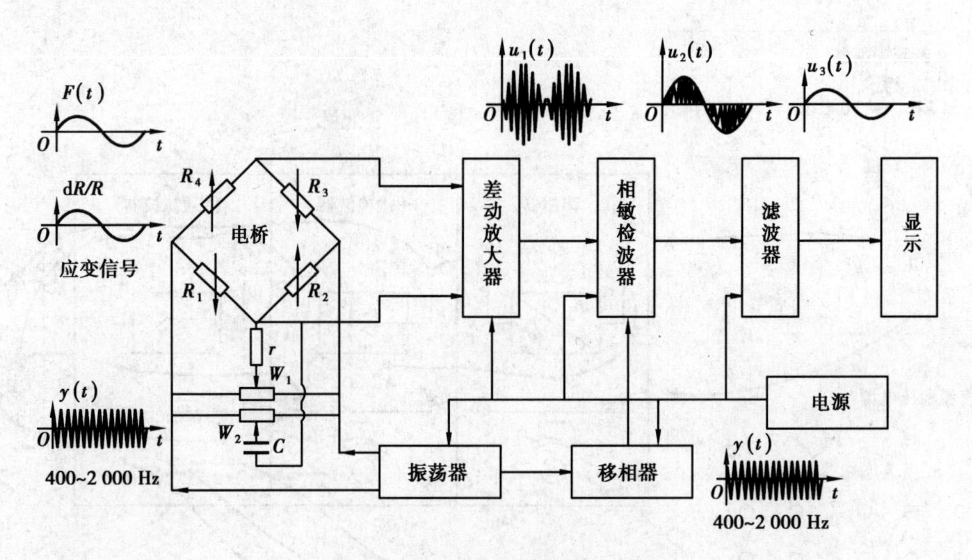

图 1.17　应变仪实验原理方块图

1.6.4　实验步骤

①相敏检波器电路调试:正确选择双线(双踪)示波器的"触发"方式及其他设置。提示:触发源选择内触发 CH_1,水平扫描速度 TIME/DIV 在 0.1 ms~10 μs 范围内选择,触发方式选择 AUTO,垂直显示方式为双踪显示 DUAL,垂直输入耦合方式选择直流耦合 DC,灵敏度 VOLTS/DIV 在 1~5 V 范围内选择,并将光迹线居中(当 CH_1、CH_2 输入对地短接时)。调节音频振荡器的幅度为最小(幅度旋钮逆时针轻轻转到底),将±2~±10 V 可调电源调节到±2 V挡。按图 1.18 示意接线,检查接线无误后合上主机箱电源开关,调节音频振荡器频率 f= 1 kHz,峰峰值

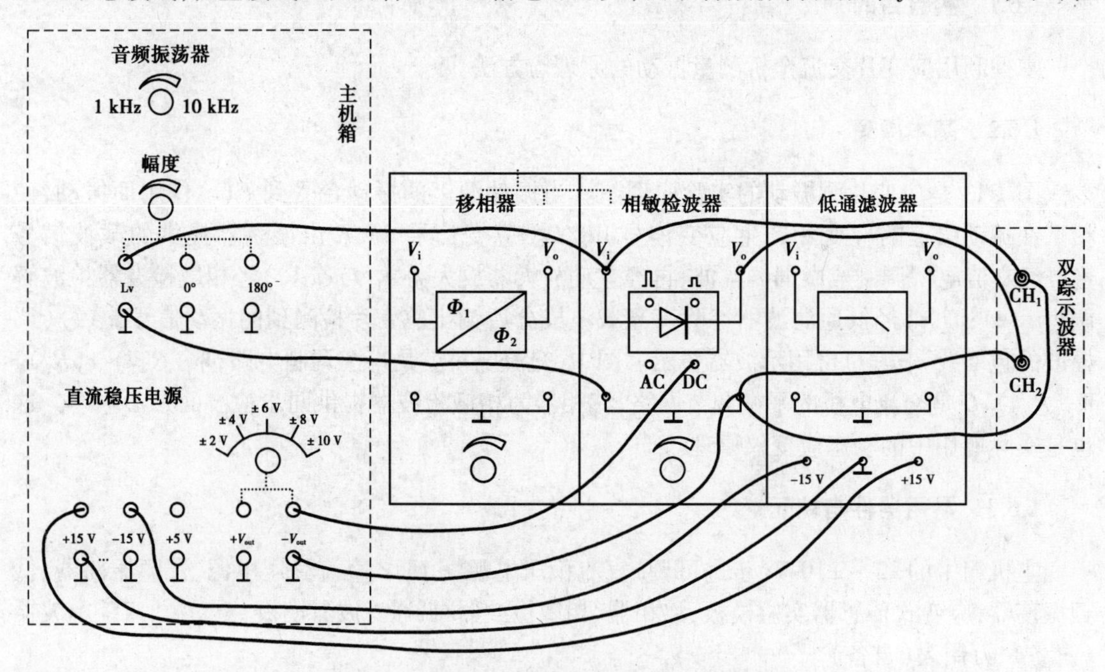

图 1.18　相敏检波器电路调试接线示意图

$V_{p-p}=5$ V(用示波器测量);调节相敏检波器的电位器钮使示波器显示幅值相等、相位相反的两个波形(相敏检波器电路已调整完毕,以后不要触碰这个电位器钮)。相敏检波器电路调试完毕,关闭电源。

②将主机箱上的音频振荡器、低频振荡器的幅度逆时针慢慢转到底(无输出),再按图1.19示意接好交流电桥调平衡电路及系统,应变传感器实验模板中的 R_8、R_{W1}、C、R_{W2} 为交流电桥调平衡网络,将振动源上的应变输出插座用专用连接线与应变传感器实验模板上的应变插座相连,因振动梁上的四片应变片已组成全桥,引出线为四芯线,直接接入实验模板上已与电桥模型相连的应变插座上。电桥模型二组对角线阻值均为 350 Ω,可用万用表测量。

传感器专用插头(黑色航空插头)的插拔法:插头要插入插座时,要将插头上的凸锁对准插座的平缺口稍用力自然往下插;插头要拔出插座时,必须用大拇指用力往内按住插头上的凸锁同时往上拔。

③调整有关部分,如下:a.检查接线无误后,合上主机箱电源开关,用示波器监测音频振荡器 L_v 的频率和幅值,调节音频振荡器的频率、幅度使 L_v 输出 1 kHz 左右的正弦波,幅度调节到 $V_{p-p}=10$ V(交流电桥的激励电压)。b.用示波器监测相敏检波器的输出(图中低通滤波器输出中接的示波器改接到相敏检波器输出),用手按下振动平台的同时(振动梁受力变形、应变片也受到应力作用)仔细调节移相器旋钮,使示波器显示的波形为一个全波整流波形。c.松手,仔细调节应变传感器实验模板的 R_{W1} 和 R_{W2}(交替调节),使示波器(相敏检波器输出)显示的波形幅值变小,趋向于无波形接近零线。

④调节低频振荡器幅度旋钮和频率(8 Hz 左右)旋钮,使振动平台振动较为明显。拆除示波器的 CH_1 通道,用示波器 CH_2(示波器设置:触发源选择内触发 CH_2,水平扫描速度 TIME/DIV 在 50~20 ms 范围内选择,触发方式选择 AUTO;垂直显示方式为显示 CH_2、垂直输入耦合方式选择交流耦合 AC,垂直显示灵敏度 VOLTS/DIV 在 0.2 V~50 mV 范围内选择)分别显示观察相敏检波器的输入 V_i 和输出 V_o 及低通滤波器的输出 V_o 波形。

⑤低频振荡器幅度(幅值)不变,调节低频振荡器频率(3~25 Hz),每增加 2 Hz 用示波器读出低通滤波器输出 V_o 的电压峰-峰值,填入表 1.4 中。画出实验曲线,从实验数据得振动梁的谐振频率。实验完毕,关闭电源。

表 1.4　应变交流全桥振动测量实验数据

f/Hz										
$V_{o(p-p)}$										

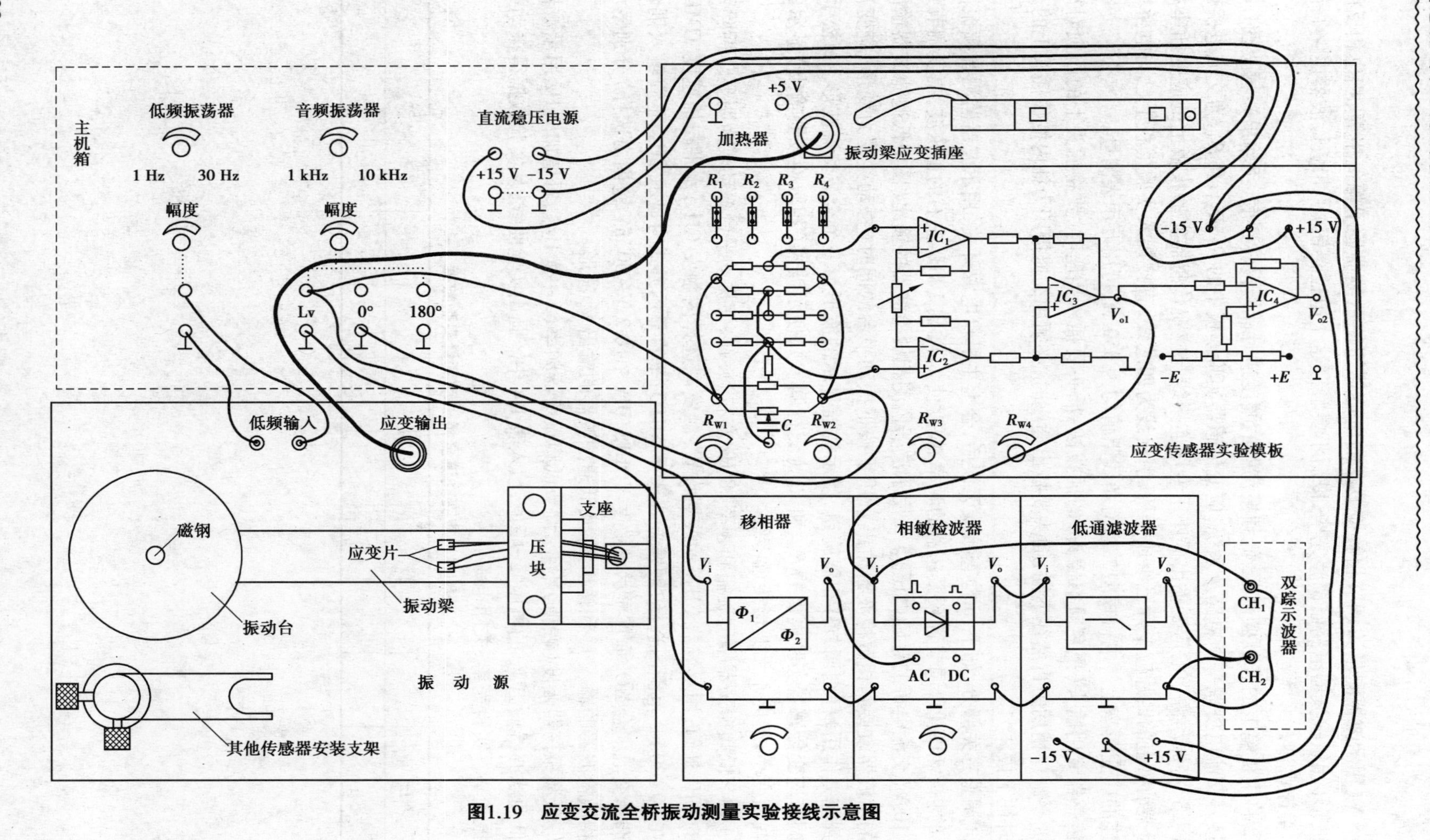

图1.19 应变交流全桥振动测量实验接线示意图

实验 1.7　压阻式压力传感器测量压力特性实验

1.7.1　实验目的

了解扩散硅压阻式压力传感器测量压力的原理和标定方法。

1.7.2　基本原理

扩散硅压阻式压力传感器的工作机理是半导体应变片的压阻效应。半导体在受力变形时会暂时改变晶体结构的对称性，从而改变导电机理，使得它的电阻率发生变化，这种物理现象称为半导体的压阻效应。一般半导体应变采用N型单晶硅为传感器的弹性元件，在它上面直接蒸镀扩散出多个半导体电阻应变薄膜（扩散出P型或N型电阻条）组成电桥。在压力（压强）作用下，弹性元件产生应力，半导体电阻应变薄膜的电阻率产生很大变化，引起电阻的变化，经电桥转换成电压输出，则其输出电压的变化反映了所受到的压力变化。图1.20为压阻式压力传感器压力测量实验原理图。

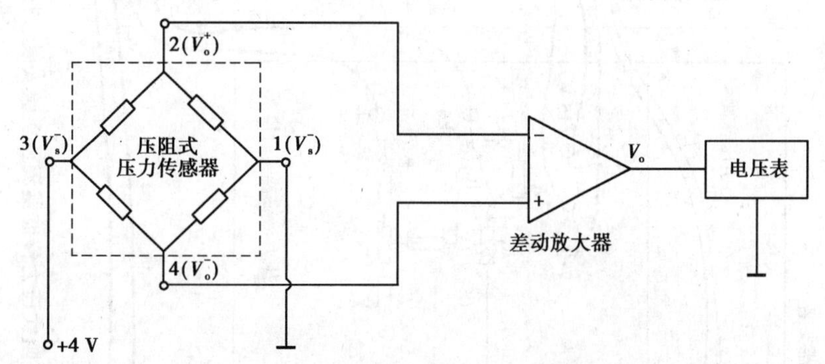

图1.20　压阻式压力传感器压力测量实验原理

1.7.3　需用器件与单元

主机箱中的气压表、气源接口、电压表、直流稳压电源±15 V、±2~±10 V（步进可调）；压阻式压力传感器、压力传感器实验模板、引压胶管。

1.7.4　实验步骤

①按图1.21所示安装传感器、连接引压管和电路：将压力传感器安装在压力传感器实验模板的传感器支架上；引压胶管一端插入主机箱面板上的气源的快速接口中（注意管子拆卸时请用双指按住气源快速接口边缘往内压，则可轻松拉出），另一端口与压力传感器相连；压力传感器引线为4芯线（专用引线），压力传感器的1端接地，2端为输出V_o^+，3端接电源+4 V，4端为输出V_o^-。

②将主机箱中电压表量程切换开关切到2 V挡；可调电源±2~±10 V调节到±4 V挡。实验模板上R_{W1}用于调节放大器增益、R_{W2}用于调零，将R_{W1}调节到1/3位置（即逆时针旋到底再

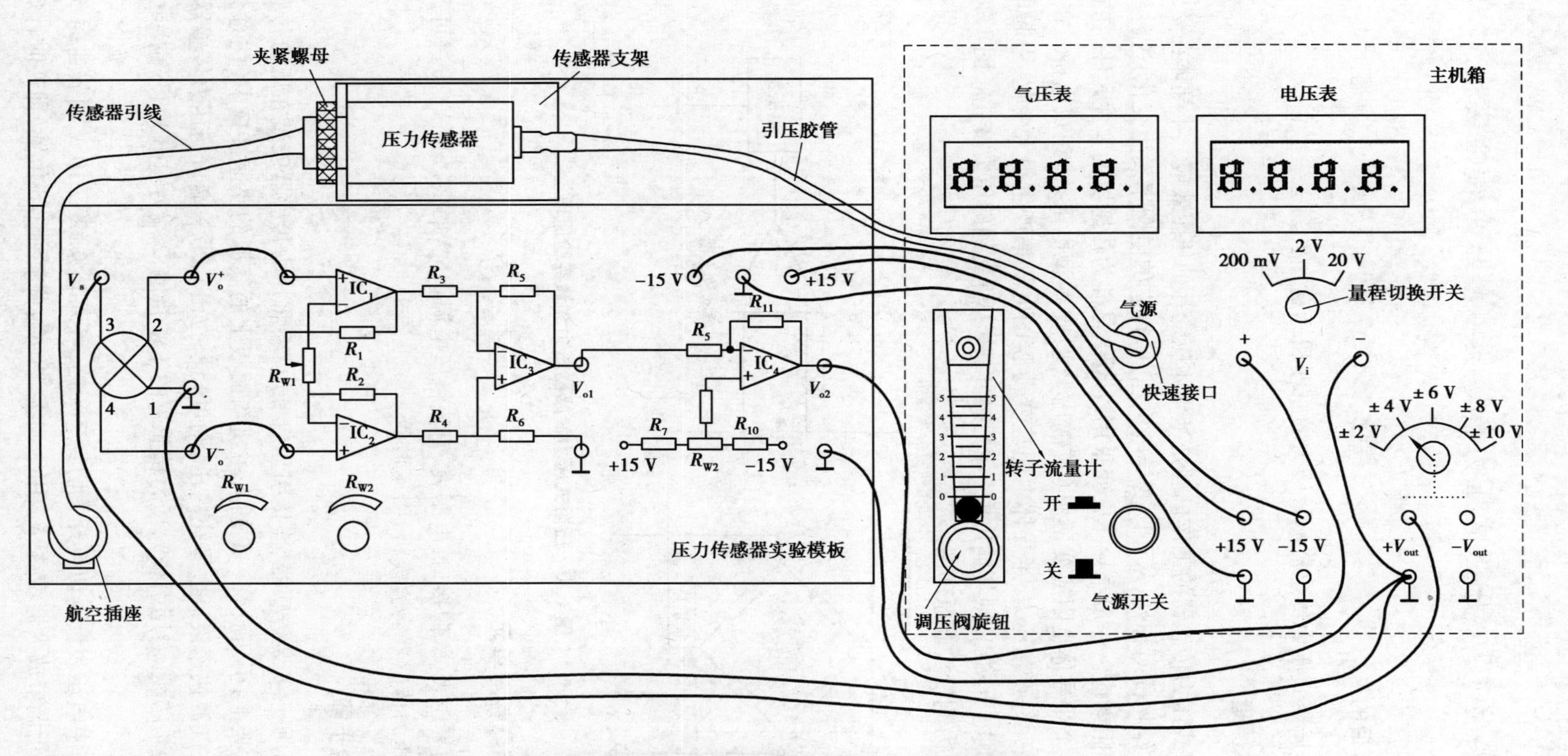

图1.21 压阻式压力传感器测压实验安装、接线示意图

顺时针旋 3 圈)。合上主机箱电源开关,仔细调节 R_{W2} 使主机箱电压表显示为零。

③合上主机箱上的气源开关,启动压缩泵,逆时针旋转转子流量计下端调压阀的旋钮,此时可看到流量计中的滚珠在向上浮起悬于玻璃管中,同时观察气压表和电压表的变化。

④调节流量计旋钮,使气压表显示某一值,观察电压表显示的数值。

⑤仔细地逐步调节流量计旋钮,使压力在 2~18 kPa 内变化(气压表显示值),每上升 1 kPa气压分别读取电压表读数,将数值列于表 1.5 中。

表 1.5　压阻式压力传感器测压实验数据

P/kPa										
$V_{o(p-p)}$										

⑥画出实验曲线,计算本系统的灵敏度和非线性误差。

⑦如果本实验装置要成为一个压力计,则必须对电路进行标定,方法采用逼近法:输入 4 kPa气压,调节 R_{W2}(低限调节),使电压表显示 0.3 V(有意偏小),当输入 16 kPa 气压,调节 R_{W1}(高限调节)使电压表显示 1.3 V(有意偏小);再调气压为 4 kPa,调节 R_{W2}(低限调节),使电压表显示 0.35 V(有意偏小),调气压为 16 kPa,调节 R_{W1}(高限调节)使电压表显示 1.4 V(有意偏小);反复调节直到逼近要求(4 kPa 对应 0.4 V,16 kPa 对应 1.6 V)即可。实验完毕,关闭电源。

实验 1.8* 压阻式压力传感器应用——压力计实验

要求:利用传感器实验台模拟压力计,测量范围为 2~18 kPa。

提示:参考实验 1.7 自己组织实验,关键在于实验电路的标定。

模块 2 差动变压器传感器实验

实验 2.1 差动变压器的性能实验

2.1.1 实验目的

了解差动变压器的工作原理和特性。

2.1.2 基本原理

差动变压器的工作原理是电磁互感原理。差动变压器的结构如图 2.1 所示,由一个一次绕组和两个二次绕组及一个衔铁组成。差动变压器一、二次绕组间的耦合能随衔铁的移动而变化,即绕组间的互感随被测位移改变而变化。由于把两个二次绕组反向串接(*同名端相接),以差动电势输出,所以把这种传感器称为差动变压器式电感传感器,通常简称差动变压器。

当差动变压器工作在理想情况下(忽略涡流损耗、磁滞损耗和分布电容等影响),它的等效电路如图 2.2 所示。图中 U_1 为一次绕组激励电压;M_1、M_2 分别为一次绕组与两个二次绕组间的互感:L_1、R_1 分别为一次绕组的电感和有效电阻;L_{21}、L_{22}分别为两个二次绕组的电感;R_{21}、R_{22}分别为两个二次绕组的有效电阻。对于差动变压器,当衔铁处于中间位置时,两个二次绕组互感相同,因而由一次侧激励引起的感应电动势相同。由于两个二次绕组反向串接,所以差动输出电动势为零。当衔铁移向二次绕组 L_{21}时互感 M_1 大,M_2 小,因而二次绕组 L_{21}的感应电动势大于二次绕组 L_{22}的感应电动势,这时差动输出电动势不为零。在传感器的量程内,衔铁位移越大,差动输出电动势就越大。同样道理,当衔铁向二次绕组 L_{22}一边移动时差动输出电动势仍不为零,但由于移动方向改变,所以输出电动势反相。因此通过差动变压器输出电动势的大小和相位可以知道衔铁位移量的大小和方向。

由图 2.2 可以看出一次绕组的电流为

$$\dot{I}_1 = \frac{\dot{U}_1}{R_1 + j\omega L_1}$$

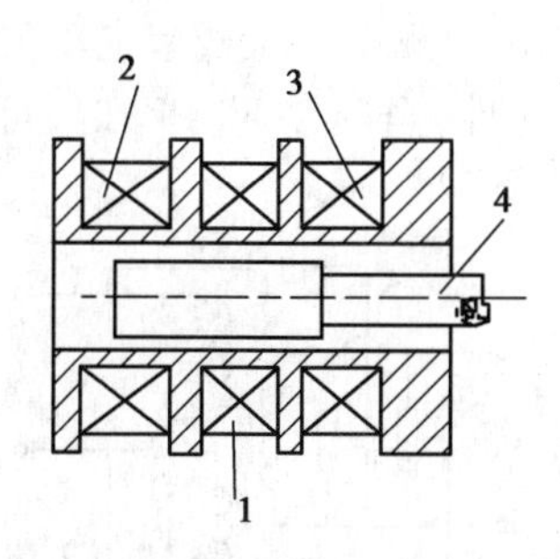

图 2.1　差动变压器的结构示意图

1——次绕组;2、3—二次绕组;4—衔铁

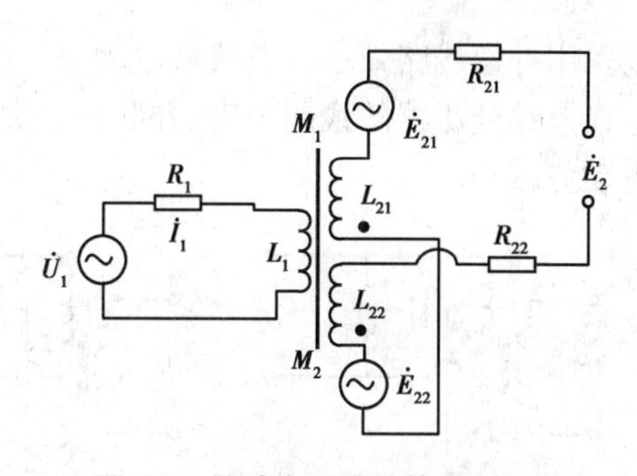

图 2.2　差动变压器的等效电路图

二次绕组的感应动势分别为:

$$\dot{E}_{21} = - \mathrm{j}\omega M_1 \dot{I}_1 \qquad \dot{E}_{22} = - \mathrm{j}\omega M \dot{I}_1$$

由于二次绕组反向串接,所以输出总电动势为:

$$\dot{E}_2 = - \mathrm{j}\omega(M_1 - M_2) \frac{\dot{U}_1}{R_1 + \mathrm{j}\omega L_1}$$

其有效值为

$$E_2 = \frac{\omega(M_1 - M_2) U_1}{\sqrt{R_1^2 + (\omega L_1)^2}}$$

差动变压器的输出特性曲线如图 2.3 所示。图中 E_{21}、E_{22}分别为两个二次绕组的输出感应电动势,E_2 为差动输出电动势,x 表示衔铁偏离中心位置的距离。其中,E_2 的实线表示理想的输出特性,而虚线部分表示实际的输出特性。E_0 为零点残余电动势,这是由于差动变压器制作上的不对称以及铁芯位置等因素所造成的。零点残余电动势的存在,使得传感器的输出特性在零点附近不灵敏,给测量带来误差,此值的大小是衡量差动变压器性能好坏的重要指标。为了减小零点残余电动势可采取以下方法:

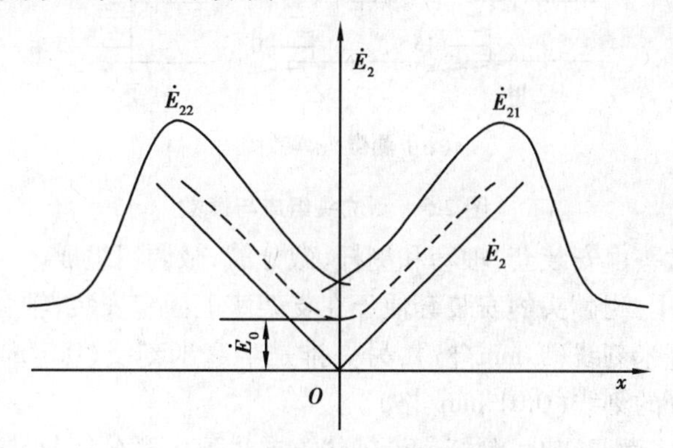

图 2.3　差动变压器输出特性

①尽可能保证传感器几何尺寸、线圈电气参数及磁路的对称。磁性材料要经过处理,消除内部的残余应力,使其性能稳定。

②选用合适的测量电路,如采用相敏整流电路,既可判别衔铁移动方向又可改善输出特性,减小零点残余电动势。

③采用补偿线路减小零点残余电动势。图 2.4 是典型的几种减小零点残余电动势的补偿电路。在差动变压器的线圈中串、并联适当数值的电阻电容元件，当调整 W_1、W_2 时，可使零点残余电动势减小。

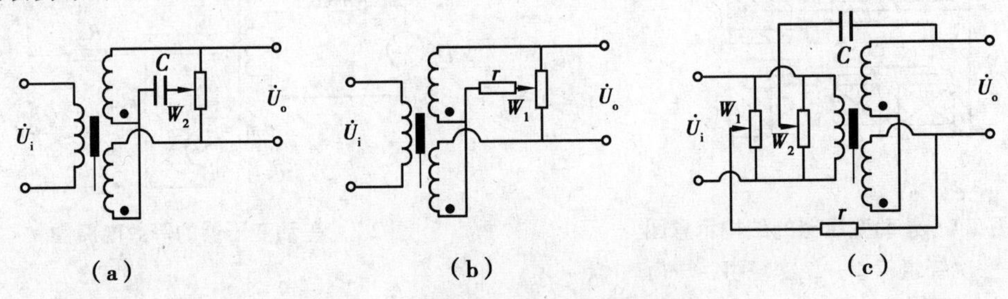

图 2.4　减小零点残余电动势电路

2.1.3　需用器件与单元

主机箱中的±15 V 直流稳压电源、音频振荡器；差动变压器、差动变压器实验模板、测微头、双踪示波器。

2.1.4　实验步骤

测微头组成和读数如图 2.5 所示。

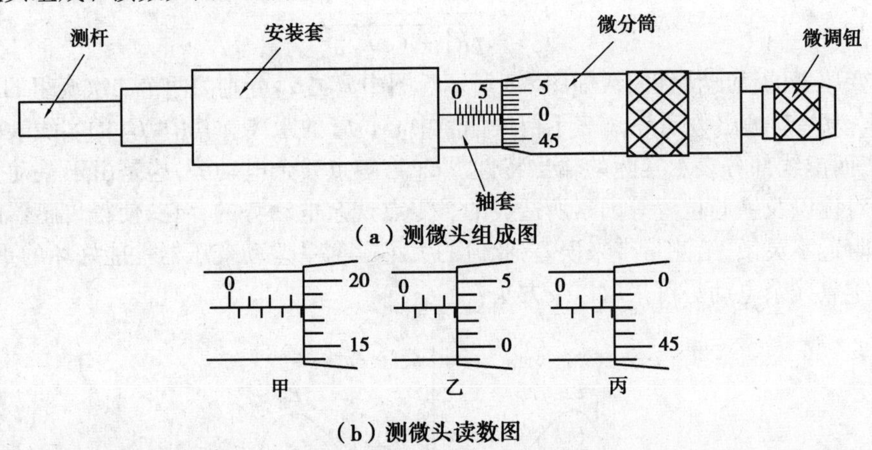

图 2.5　测位头组成与读数

测微头组成：测微头由安装套、轴套和测杆、微分筒、微调钮组成。

测微头读数与使用：测微头的安装套便于在支架座上固定安装，轴套上的主尺有两排刻度线，标有数字的是整毫米刻线（1 mm/格），另一排是半毫米刻线（0.5 mm/格）；微分筒前部圆周表面上刻有 50 等分的刻线（0.01 mm/格）。

用手旋转微分筒或微调钮时，测杆就沿轴线方向进退。微分筒每转过 1 格，测杆沿轴向移动微小位移 0.01 mm，这也叫测微头的分度值。

测微头的读数方法是先读轴套主尺上露出的刻度数值，注意半毫米刻线；再读与主尺横线对准微分筒上的数值，可以估读 1/10 分度，如图 2.5（b）中，甲读数为 3.678 mm，不是 3.178 mm；遇到微分筒边缘前端与主尺上某条刻线重合时，应看微分筒的示值是否过零，如图 2.5（b）中，乙已过零则读 2.514 mm；如图 2.5（b）中丙未过零，则不应读为 2 mm，读数应为 1.980 mm。

测微头在实验中是用来产生位移并指示出位移量的工具。一般测微头在使用前,首先转动微分筒到 10 mm 处(为了保留测杆轴向前、后位移的余量),再将测微头轴套上的主尺横线面向自己安装到专用支架座上,移动测微头的安装套(测微头整体移动)使测杆与被测体连接并使被测体处于合适位置(视具体实验而定)时再拧紧支架座上的紧固螺钉。当转动测微头的微分筒时,被测体就会随测杆而位移。

①差动变压器、测微头及实验模板按图 2.6 示意安装、接线。实验模板中的 L_1 为差动变压器的初级线圈,L_2、L_3 为次级线圈,* 号为同名端;L_1 的激励电压必须从主机箱中音频振荡器的 L_v 端子引入。检查接线无误后合上主机箱电源开关,调节音频振荡器的频率为 4~5 kHz、幅度为峰峰值 $V_{p-p}=2$ V 作为差动变压器初级线圈的激励电压。示波器设置提示:触发源选择内触发 CH_1、水平扫描速度 TIME/DIV 在 0.1 ms~10 μs 范围内选择、触发方式选择 AUTO;垂直显示方式为双踪显示 DUAL、垂直输入耦合方式选择交流耦合 AC、CH_1 灵敏度 VOLTS/DIV 在 0.5~1 V 范围内选择、CH_2 灵敏度 VOLTS/DIV 在 0.1~50 mV范围内选择。

②差动变压器的性能实验。使用测微头时,来回调节微分筒使测杆产生位移的过程中本身存在机械回程差。为消除这种机械回差,可用如下两种方法实验,建议用第二种方法可以检测到差动变压器零点残余电压附近的死区范围。

a.调节测微头的微分筒(0.01 mm/每小格),使微分筒的 0 刻度线对准轴套的 10 mm 刻度线。松开安装测微头的紧固螺钉,移动测微头的安装套使示波器第二通道显示的波形 V_{p-p}(峰峰值)为较小值(越小越好,变压器铁芯大约处在中间位置)时,拧紧紧固螺钉。仔细调节测微头的微分筒使示波器第二通道显示的波形 V_{p-p}为最小值(零点残余电压)并定为位移的相对零点。这时可假设其中一个方向为正位移,另一个方向位移为负,从 V_{p-p}最小开始旋动测微头的微分筒,每隔 $\Delta X=0.2$ mm(可取 30 点值)从示波器上读出输出电压 V_{p-p}值,填入表 2.1 中。再将测位头位移退回到 V_{p-p}最小处开始反方向(也取 30 点值)做相同的位移实验。

在实验过程中请注意:从 V_{p-p}最小处决定位移方向后,测微头只能按所定方向调节位移,中途不允许回调,否则,由于测微头存在机械回差而引起位移误差;所以,实验时每点位移量须仔细调节,绝对不能调节过量,如过量则只好剔除这一点粗大误差继续做下一点实验或者回到零点重新做实验。当一个方向行程实验结束,做另一方向时,测微头回到 V_{p-p}最小处时它的位移读数有变化(没有回到原来起始位置)是正常的。做实验时位移取相对变化量 ΔX 为定值,与测微头的起始点定在哪一根刻度线上没有关系,只要中途测微头微分筒不回调就不会引起机械回程误差。

*b.调节测微头的微分筒(0.01 mm/每小格),使微分筒的 0 刻度线对准轴套的 10 mm 刻度线。松开安装测微头的紧固螺钉,移动测微头的安装套使示波器第二通道显示的波形 V_{p-p}(峰峰值)为较小值(越小越好,变压器铁芯大约处在中间位置)时,拧紧紧固螺钉,再顺时针方向转动测微头的微分筒 12 圈,记录此时的测微头读数和示波器 CH_2 通道显示的波形 V_{p-p}(峰峰值)值为实验起点值。以后,逆时针方向调节测微头的微分筒,每隔 $\Delta X=0.2$ mm(可取 60~70 点值)从示波器上读出输出电压 V_{p-p}值,填入表 2.1(这样单行程位移方向做实验可以消除测微头的机械回差)中。

③根据表 2.1 数据画出 $X—V_{p-p}$曲线并找出差动变压器的零点残余电压。实验完毕,关闭电源。

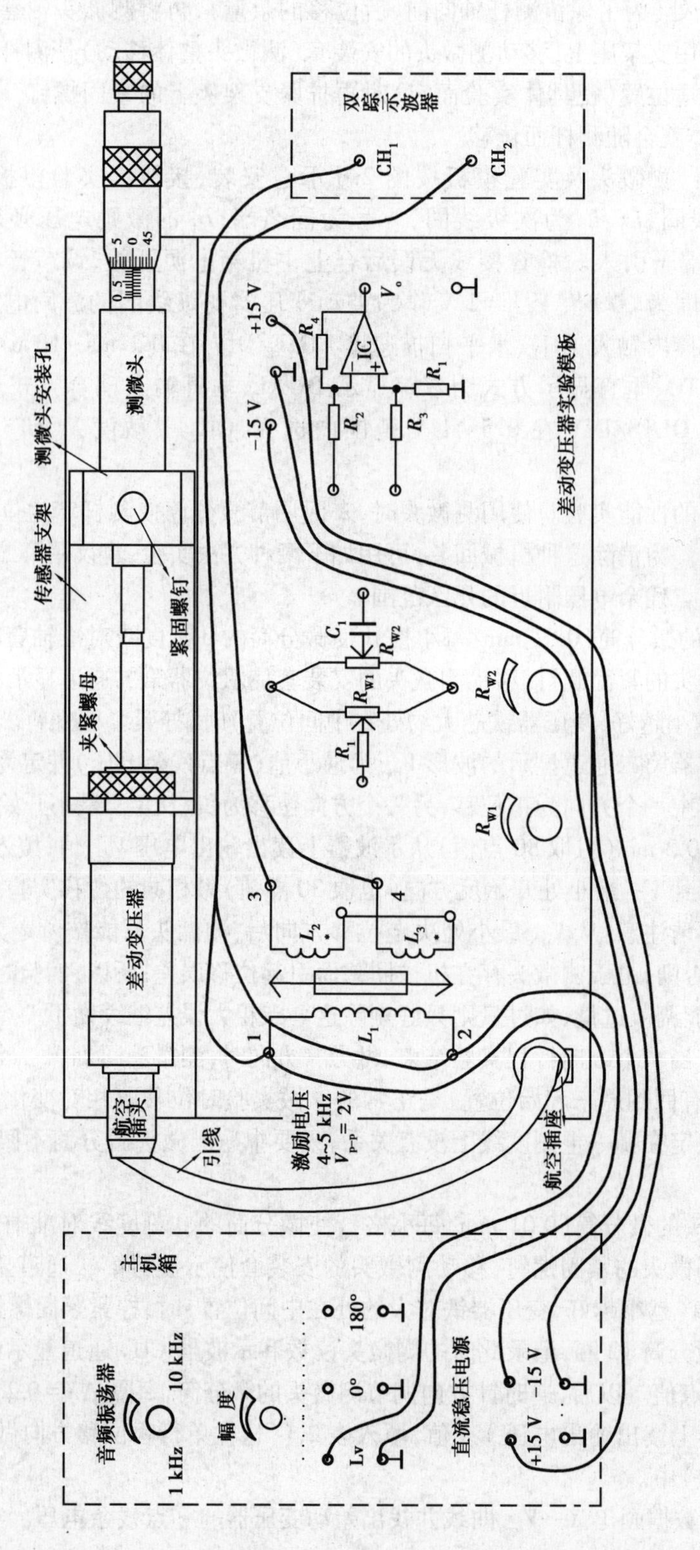

图2.6　差动变压器性能实验安装、接线示意图

表 2.1　差动变压器性能实验数据

ΔX/mm										
V_{p-p}/mV										

思考题

1.试分析差动变压器与一般电源变压器的异同。

2.用直流电压激励会损坏传感器,为什么?

3.如何理解差动变压器的零点残余电压?用什么方法可以减小零点残余电压?

4.相敏整流电路的作用是什么?

实验 2.2　激励频率对差动变压器特性的影响实验

2.2.1　实验目的

了解初级线圈激励频率对差动变压器输出性能的影响。

2.2.2　基本原理

差动变压器的输出电压的有效值可以近似用关系式

$$U_o = \frac{\omega(M_1 - M_2)U_i}{\sqrt{R_p^2 + \omega^2 L_p^2}}$$

表示,式中 L_p、R_p 为初级线圈电感和损耗电阻,U_i、ω 为激励电压和频率,M_1、M_2 为初级与两次级间互感系数。由关系式可以看出,当初级线圈激励频率太低时,若 $R_p^2 > \omega^2 L_p^2$,则输出电压 U_o 受频率变动影响较大,且灵敏度较低。只有当 $\omega^2 L_p^2 >> R_p^2$ 时,输出 U_o 与 ω 无关,当然 ω 过高会使线圈寄生电容增大,对性能稳定不利。

2.2.3　需用器件与单元

主机箱中的±15 V 直流稳压电源、音频振荡器;差动变压器、差动变压器实验模板、测微头、双踪示波器。

2.2.4　实验步骤

①差动变压器及测微头的安装、接线如图 2.6 所示。

②检查接线无误后,合上主机箱电源开关,调节主机箱音频振荡器 Lv 输出频率为 1 kHz、幅度 V_{p-p} = 2 V(示波器监测)。调节测微头微分筒使差动变压器的铁芯处于线圈中心位置,即输出信号最小时(示波器监测 V_{p-p} 最小时)的位置。

③调节测微头位移量 ΔX 为 2.50 mm,差动变压器有某个较大的 V_{p-p} 输出。

④在保持位移量不变的情况下改变激励电压(音频振荡器)的频率从 1 ~9 kHz(激励电压幅值 2 V 不变)时差动变压器的相应输出的 V_{p-p} 值填入表 2.2。

表 2.2　差动变压器幅频特性实验数据

F/kHz	1	2	3	4	5	6	7	8	9
V_{p-p}									

⑤作出幅频(F—V_{p-p})特性曲线。实验完毕,关闭电源。

实验 2.3　差动变压器零点残余电压补偿实验

2.3.1　实验目的

了解差动变压器零点残余电压概念及补偿方法。

2.3.2　基本原理

由于差动变压器次级两线圈的等效参数不对称,初级线圈纵向排列的不均匀性,铁芯 B—H 特性的非线性等,造成铁芯(衔铁)无论处于线圈的什么位置,其输出电压并不为零,其最小输出值称为零点残余电压。在实验 2.1(差动变压器的性能实验)中已经得到了零点残余电压,用差动变压器测量位移应用时一般要对其零点残余电压进行补偿。

2.3.3　需用器件与单元

主机箱中的±15 V 直流稳压电源、音频振荡器;测微头、差动变压器、差动变压器实验模板、双踪示波器(自备)。

2.3.4　实验步骤

①根据图 2.7 接线,差动变压器原边激励电压从音频振荡器的 Lv 插口引入,实验模板中的 R_1、C_1、R_{W1}、R_{W2}为交流电桥调平衡网络。

②检查接线无误后合上主机箱电源开关,用示波器 CH_1 通道监测并调节主机箱音频振荡器 Lv 输出频率为 4~5 kHz、幅值为 2 V 峰峰值的激励电压。

③调整测微头,使放大器输出电压(用示波器 CH_2 通道监测)最小。

④依次交替调节 R_{W1}、R_{W2},使放大器输出电压进一步降至最小。

⑤从示波器上观察,这时的零点残余电压是经放大后的零点残余电压,所以经补偿后的零点残余电压:$V_{零点p-p}=\dfrac{V_o}{K}$,K 是放大倍数,约为 7 倍左右。比较差动变压器的零点残余电压值(峰峰值)与实验 2.1(差动变压器的性能实验)中的零点残余电压。实验完毕,关闭电源。

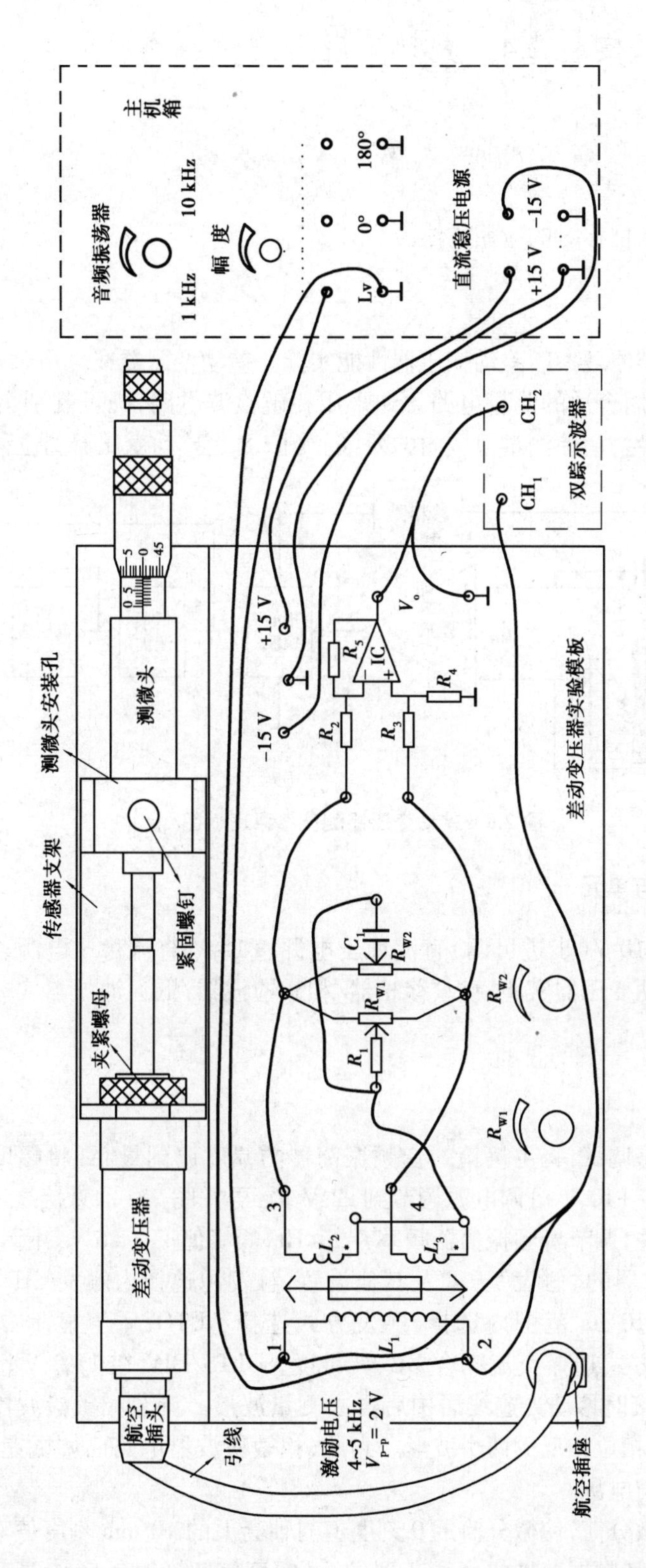

图2.7　零点残余电压补偿实验热线示意图

实验 2.4 差动变压器测位移实验

2.4.1 实验目的

了解差动变压器测位移时的应用方法。

2.4.2 基本原理

差动变压器的工作原理参阅差动变压器性能实验。差动变压器在应用时要想法消除零点残余电动势和死区,选用合适的测量电路。如采用相敏检波电路,既可判别衔铁移动(位移)方向,又可改善输出特性,消除测量范围内的死区。图 2.8 是差动变压器测位移原理框图。

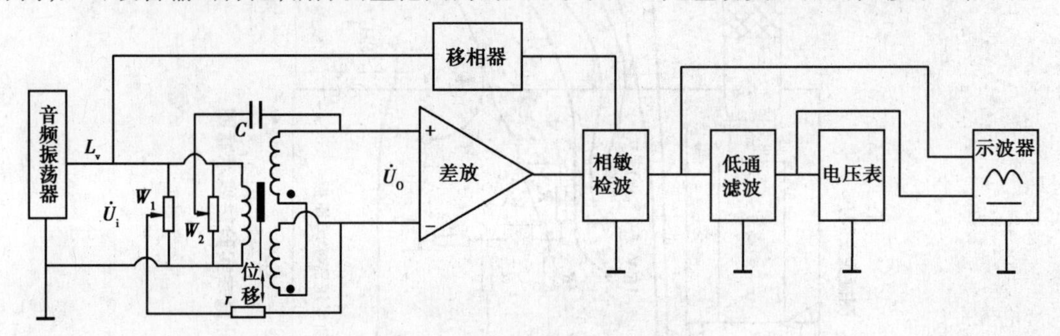

图 2.8 差动变压器测位移原理框图

2.4.3 需用器件与单元

主机箱中的±2~±10 V(步进可调)直流稳压电源、±15 V 直流稳压电源、音频振荡器、电压表;差动变压器、差动变压器实验模板、移相器/相敏检波器/低通滤波器实验模板;测微头、双踪示波器。

2.4.4 实验步骤

①相敏检波器电路调试:将主机箱的音频振荡器的幅度调到最小(将幅度旋钮逆时针方向轻轻转到底),将±2~±10 V 可调电源调节到±2 V 挡,再按图 2.9 示意接线。检查接线无误后合上主机箱电源开关,调节音频振荡器频率 f=5 kHz,峰峰值 V_{p-p}=5 V(用示波器测量)。提示:正确选择双踪示波器的"触发"方式及其他设置,触发源选择内触发 CH_1,水平扫描速度 TIME/DIV 在 0.1 ms~10 μs 范围内选择,触发方式选择 AUTO;垂直显示方式为双踪显示 DUAL、垂直输入耦合方式选择直流耦合 DC、灵敏度 VOLTS/DIV 在 1~5 V 范围内选择。当 CH_1、CH_2 输入对地短接时移动光迹线居中后再去测量波形。调节相敏检波器的电位器钮使示波器显示幅值相等、相位相反的两个波形。到此,相敏检波器电路已调试完毕,以后不要触碰这个电位器钮。关闭电源。

②调节测微头的微分筒,使微分筒的 0 刻度值与轴套上的 10 mm 刻度值对准。按图 2.10 示意图安装、接线。将音频振荡器幅度调节到最小(幅度旋钮逆时针轻转到底);电压表的量

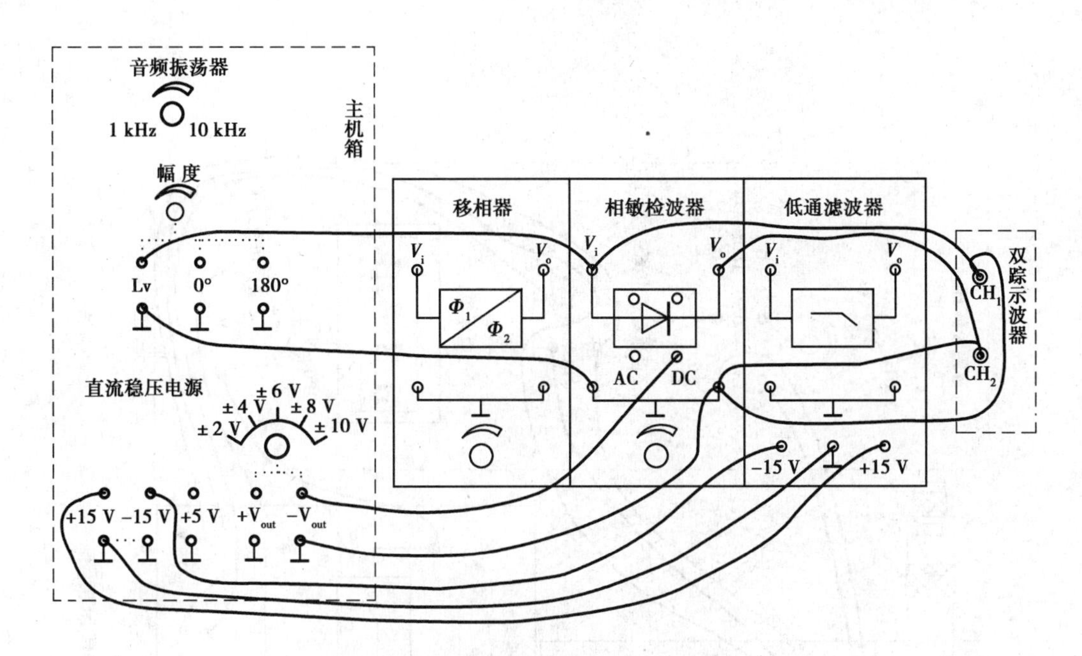

图 2.9　相敏检波器电路调试接线示意图

程切换开关切到 20 V 挡。检查接线无误后合上主机箱电源开关。

③调节音频振荡器频率 f=5 kHz、幅值 V_{p-p}=2 V(用示波器监测)。

④松开测微头安装孔上的紧固螺钉。顺着差动变压器衔铁的位移方向移动测微头的安装套(左、右方向都可以),使差动变压器衔铁明显偏离 L_1 初级线圈的中点位置,再调节移相器的移相电位器使相敏检波器输出为全波整流波形(示波器 CH_2 的灵敏度 VOLTS/DIV 在 1 V~50 mV 范围内选择监测)。再慢慢仔细移动测微头的安装套,使相敏检波器输出波形幅值尽量为最小(尽量使衔铁处在 L_1 初级线圈的中点位置)并拧紧测微头安装孔的紧固螺钉。

⑤调节差动变压器实验模板中的 R_{W1}、R_{W2}(二者配合交替调节)使相敏检波器输出波形趋于水平线(可相应调节示波器量程挡观察)并且电压表显示趋于 0 V。

⑥调节测微头的微分筒,每隔 ΔX=0.2 mm 从电压表上读取低通滤波器输出的电压值,填入表 2.3。

表 2.3　差动变压器测位移实验数据

X/mm			…	-0.2	0	0.2	…		
V/mV					0				

⑦根据表 2.3 数据作出实验曲线并截取线性比较好的线段计算灵敏度 $S=\Delta V/\Delta X$ 与线性度及测量范围。实验完毕关闭电源开关。

思考题

差动变压器输出经相敏检波器检波后是否消除了零点残余电压和死区?从实验曲线上能理解相敏检波器的鉴相特性吗?

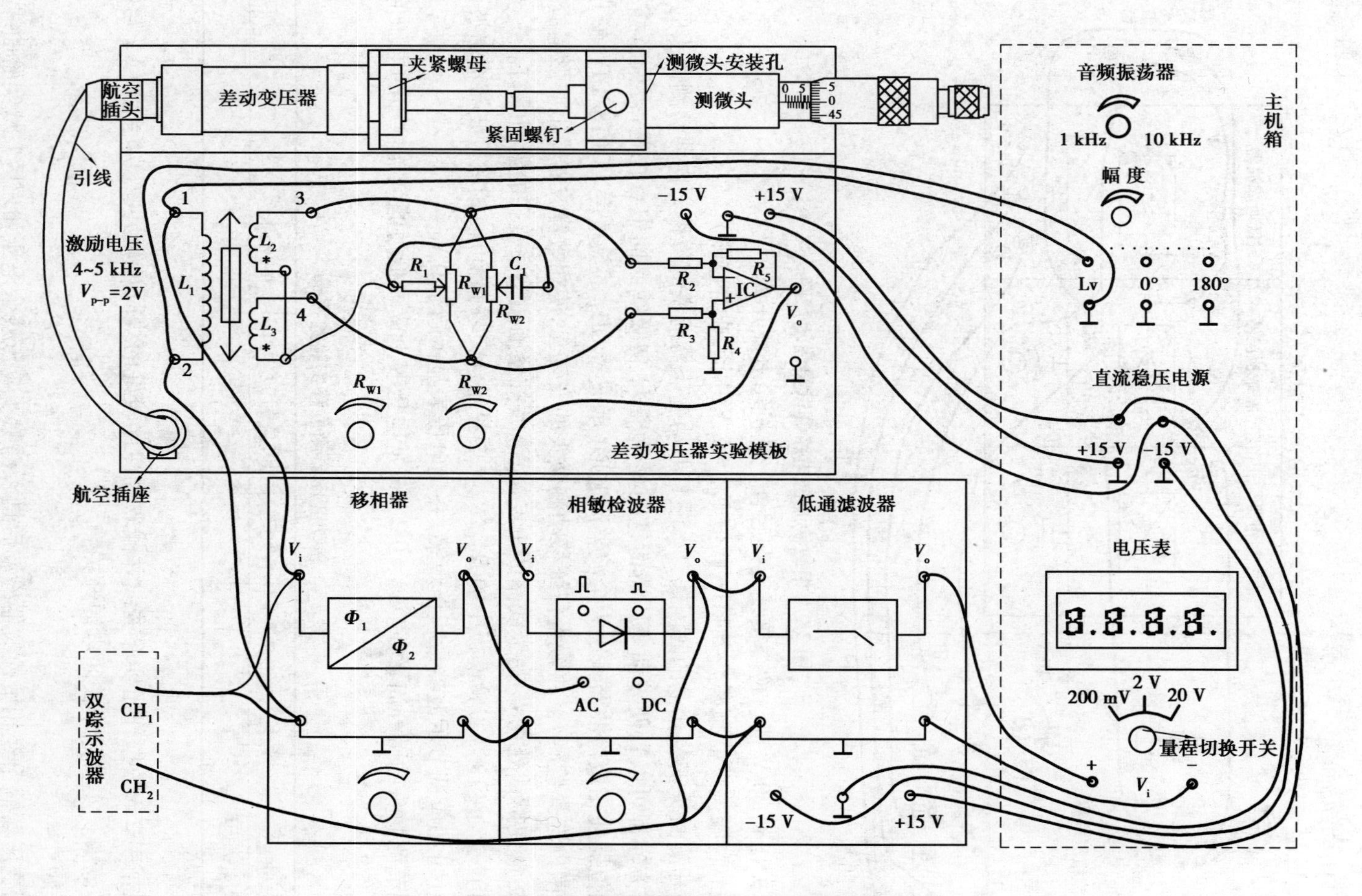

图2.10 差动变压器测位移组成、接线示意图

实验 2.5　差动变压器的应用——振动测量实验

2.5.1　实验目的

了解差动变压器测量振动的方法。

2.5.2　基本原理

由实验 2.1(差动变压器性能实验)基本原理可知,当差动变压器的衔铁连接杆与被测体接触连接时就能检测到被测体的位移变化或振动。

2.5.3　需用器件与单元

主机箱中的±2～±10 V(步进可调)直流稳压电源、±15 V 直流稳压电源、音频振荡器、低频振荡器;差动变压器、差动变压器实验模板、移相器/相敏检波器/滤波器模板;振动源、双踪示波器。

2.5.4　实验步骤

①相敏检波器电路调试:参见实验 2.4 中的步骤①及图 2.9。

②将差动变压器卡在传感器安装支架的 U 形槽上并拧紧差动变压器的夹紧螺母,再安装到振动源的升降杆上,如图 2.11 所示。调整传感器安装支架使差动变压器的衔铁连杆与振动台接触,再调节升降杆使差动变压器衔铁大约处于 L_1 初级线圈的中点位置。

③将音频振荡器和低频振荡器的幅度电位器逆时针轻轻转到底(幅度最小),按图 2.11 接线,并调整好有关部分。调整如下:

a.检查接线无误后,合上主机箱电源开关,用示波器 CH_1 通道监测音频振荡器 Lv 的频率和幅值,调节音频振荡器的频率、幅度旋钮使 Lv 输出 4～5 kHz、$V_{op-p}=2$ V。

b.用示波器 CH_2 通道观察相敏检波器输出(图中低通滤波器输出中接的示波器改接到相敏检波器输出),用手往下按住振动平台(让传感器产生一个大位移)仔细调节移相器的移相电位器钮,使示波器显示的波形为一个接近全波整流波形。

c.手离开振动台,调节升降杆(松开锁紧螺钉转动升降杆的铜套)的高度,使示波器显示的波形幅值为最小。

d.仔细调节差动变压器实验模板的 R_{W1} 和 R_{W2}(交替调节)使示波器(相敏检波器输出)显示的波形幅值更小,趋于一条接近零点线(否则再调节 R_{W1} 和 R_{W2})。

e.调节低频振荡器幅度旋钮和频率(8 Hz 左右)旋钮,使振动平台振荡较为明显。用示波器观察相敏检波器的输入、输出波形及低通滤波器的输出波形。正确选择双踪示波器的"触发"方式及其他(TIME/DIV:在 50～20 ms 范围内选择;VOLTS/DIV:1～0.1 V 范围内选择)设置。

④定性地作出相敏检波器的输入、输出及低通滤波器的输出波形。实验完毕,关闭主机箱电源。

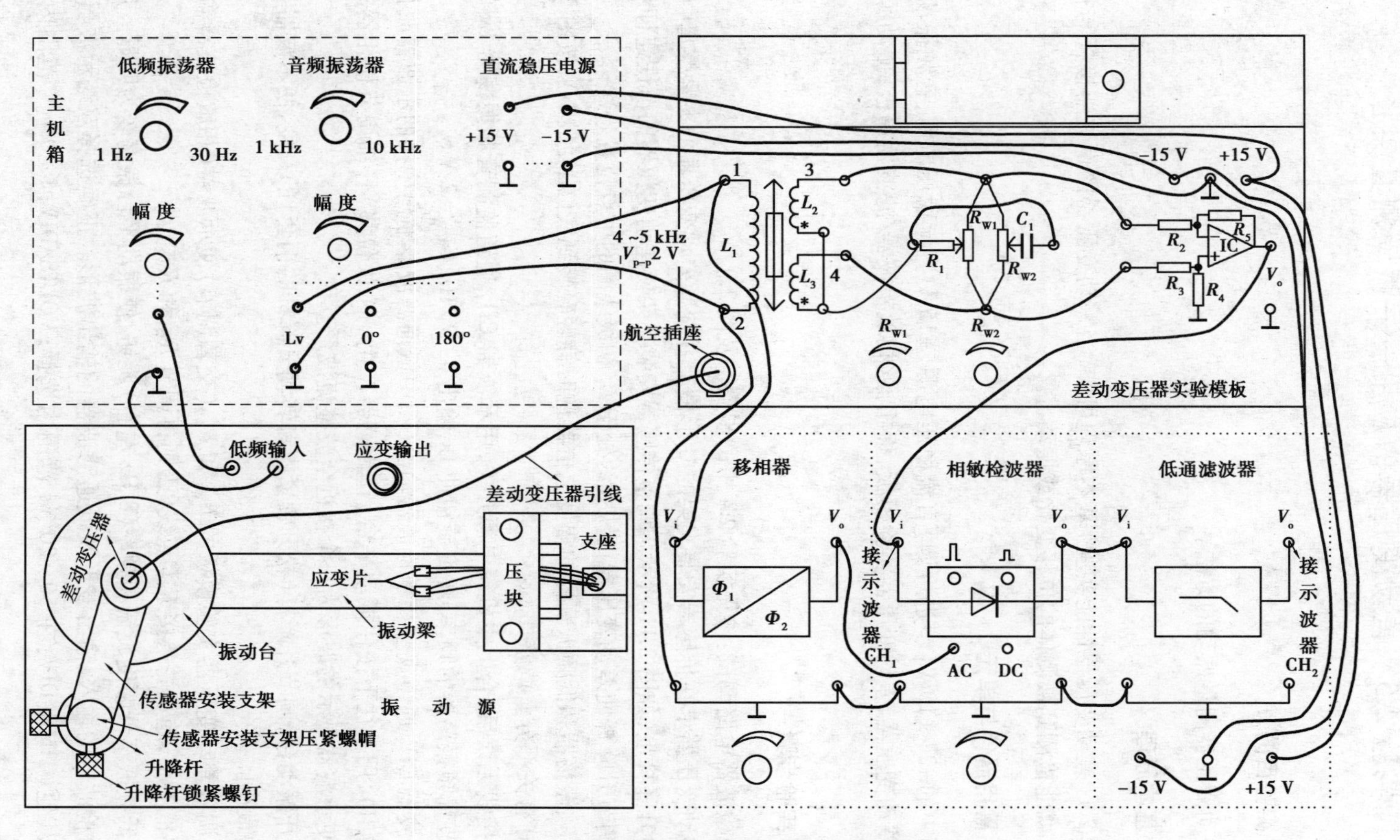

图2.11 差动变压器振动测量安装、接线图

模块 3
电容式传感器的位移实验

实验　电容式传感器测位移特性实验

3.1.1　实验目的

了解电容式传感器结构及其特点。

3.1.2　基本原理

①原理简述。电容传感器是以各种类型的电容器为传感元件，将被测物理量转换成电容量的变化来实现测量的。电容传感器的输出是电容的变化量。利用电容 $C=\varepsilon A/d$ 关系式，通过相应的结构和测量电路可以选择 ε、A、d 三个参数中，保持两个参数不变，而只改变其中一个参数，则可以构成测干燥度（ε 变）、测位移（d 变）和测液位（A 变）等多种电容传感器。电容传感器极板形状分成平板、圆板形和圆柱（圆筒）形，虽还有球面形和锯齿形等其他的形状，但一般很少用。本实验采用的传感器为圆筒式变面积差动结构的电容式位移传感器，差动式一般优于单组（单边）式的传感器。它灵敏度高、线性范围宽、稳定性高。如图 3.1 所示：它由两个圆筒和一个圆柱组成的。设圆筒的半径为 R，圆柱的半径为 r，圆柱的长为 x，则电容量为 $C=\varepsilon 2\pi x/\ln(R/r)$。图中 C_1、C_2 是差动连接，当图中的圆柱产生 ΔX 位移时，电容量的变化量为 $\Delta C=C_1-C_2=\varepsilon 2\pi 2\Delta x/\ln(R/r)$，式中 $\varepsilon 2\pi$、$\ln(R/r)$ 为常数，说明 ΔC 与 ΔX 位移成正比，配上配套测量电路就能测量位移。

②测量电路（电容变换器）。其电路的核心部分是图 3.2 所示的二极管环路充放电电路。

在图 3.2 中，环形充放电电路由 D_3、D_4、D_5、D_6 二极管，C_4 电容，L_1 电感和 C_{X1}、C_{X2}（实验差动电容位移传感器）组成。

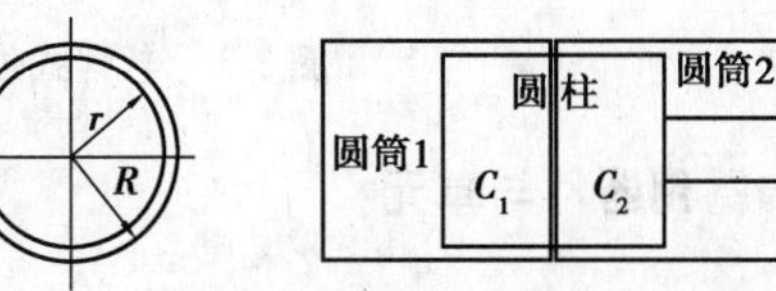

图 3.1　实验电容传感器结构

当高频激励电压（$f>100$ kHz）输入到 a 点，由低电平 E_1 跃到高电平 E_2 时，电容 C_{X1} 和 C_{X2} 两端电压均由 E_1 充到 E_2。充电电荷一路由 a 点经 D_3 到 b 点，再对 C_{X1} 充电到 0 点（地）；另一

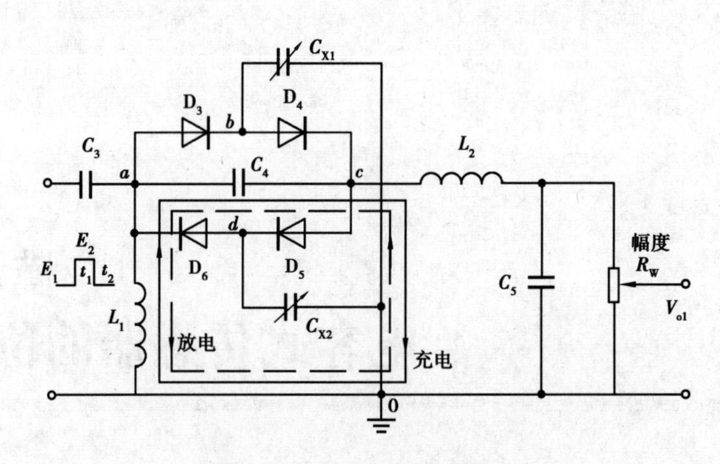

图 3.2　二极管环形充放电电路

路由 a 点经 C_4 到 c 点,再经 D_5 到 d 点对 C_{X2} 充电到 0 点。此时,D_4 和 D_6 由于反偏置而截止。在 t_1 充电时间内,由 a 到 c 点的电荷量为

$$Q_1 = C_{X2}(E_2 - E_1) \tag{3.1}$$

当高频激励电压由高电平 E_2 返回到低电平 E_1 时,电容 C_{X1} 和 C_{X2} 均放电。C_{X1} 经 b 点、D_4、c 点、C_4、a 点、L_1 放电到 0 点;C_{X2} 经 d 点、D_6、L_1 放电到 0 点。在 t_2 放电时间内,由 c 点到 a 点的电荷量为

$$Q_2 = C_{X1}(E_2 - E_1) \tag{3.2}$$

当然,式(3.1)和式(3.2)是在 C_4 电容值远远大于传感器的 C_{X1} 和 C_{X2} 电容值的前提下得到的结果。电容 C_4 的充放电回路由图 3.2 中实线、虚线箭头所示。

在一个充放电周期内($T=t_1+t_2$),由 c 点到 a 点的电荷量为

$$Q = Q_2 - Q_1 = (C_{X1} - C_{X2})(E_2 - E_1) = \Delta C_X \Delta E \tag{3.3}$$

式中,C_{X1} 与 C_{X2} 的变化趋势是相反的(传感器的结构决定的,是差动式)。

设激励电压频率 $f=1/T$,则流过 ac 支路输出的平均电流 i 为

$$i = fQ = f\Delta C_X \Delta E \tag{3.4}$$

式中,ΔE 为激励电压幅值;ΔC_X 为传感器的电容变化量。

由式(3.4)可看出:f、ΔE 一定时,输出平均电流 i 与 ΔC_X 成正比,此输出平均电流 i 经电路中的电感 L_2、电容 C_5 滤波变为直流 I 输出,再经 R_W 转换成电压输出 $V_{o1}=IR_W$。由传感器原理已知 ΔC 与 ΔX 位移成正比,所以通过测量电路的输出电压 V_{o1} 就可知 ΔX 位移。

③电容式位移传感器实验原理方块图如图 3.3 所示。

图 3.3　电容式位移传感器实验方块图

3.1.3　需用器件与单元

主机箱±15 V 直流稳压电源、电压表;电容传感器、电容传感器实验模板、测微头。

3.1.4　实验步骤

①按图 3.4 示意安装、接线。

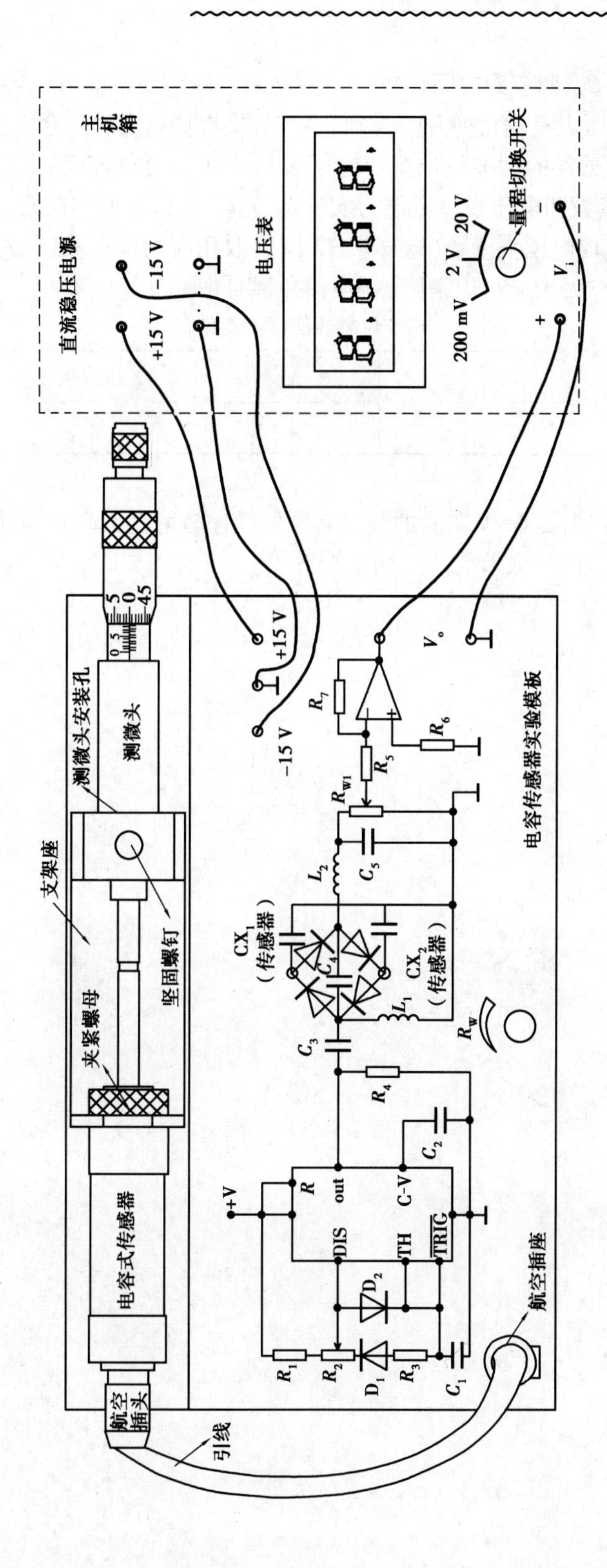

图3.4 电容传感器位移实验安装、接线示意图

②将实验模板上的 R_W 调节到中间位置(方法:逆时针转到底再顺时针转 3 圈)。

③将主机箱上的电压表量程切换开关打到 2 V 挡,检查接线无误后合上主机箱电源开关。旋转测微头改变电容传感器的动极板位置使电压表显示 0 V ,再转动测微头(同一个方向)6 圈,记录此时的测微头读数和电压表显示值为实验起点值。以后,反方向每转动测微头 1 圈,即 $\Delta X=0.5$ mm 位移,读取电压表读数(这样转 12 圈读取相应的电压表读数),将数据填入表 3.1(这样单行程位移方向做实验可以消除测微头的回差)中。

表 3.1　电容传感器位移实验数据

X/mm										
V/mV										

④根据表 3.1 数据作出 ΔX—V 实验曲线并截取线性比较好的线段计算灵敏度 $S=\Delta V/\Delta X$ 和非线性误差 δ 及测量范围。实验完毕关闭电源开关。

模块 4
线性霍尔传感器实验

实验 4.1 线性霍尔传感器位移特性实验

4.1.1 实验目的

了解霍尔式传感器原理与应用。

4.1.2 基本原理

霍尔式传感器是一种磁敏传感器,基于霍尔效应原理工作。它将被测量的磁场变化(或以磁场为媒体)转换成电动势输出。霍尔效应是具有载流子的半导体同时处在电场和磁场中而产生电势的一种现象。如图 4.1(带正电的载流子)所示,把一块宽为 b,厚为 d 的导电板放在磁感应强度为 B 的磁场中,并在导电板中通以纵向电流 I,此时在板的横向两侧面 A 与 A' 之间就呈现出一定的电势差,这一现象称为霍尔效应(霍尔效应可以用洛伦兹力来解释),所产生的电势差 U_H 称霍尔电压。霍尔效应的数学表达式为

$$U_H = R_H \frac{IB}{d} = K_H IB$$

式中,$R_H = -1/(ne)$ 是由半导体本身载流子迁移率决定的物理常数,称为霍尔系数;$K_H = R_H/d$ 为灵敏度系数,与材料的物理性质和几何尺寸有关。

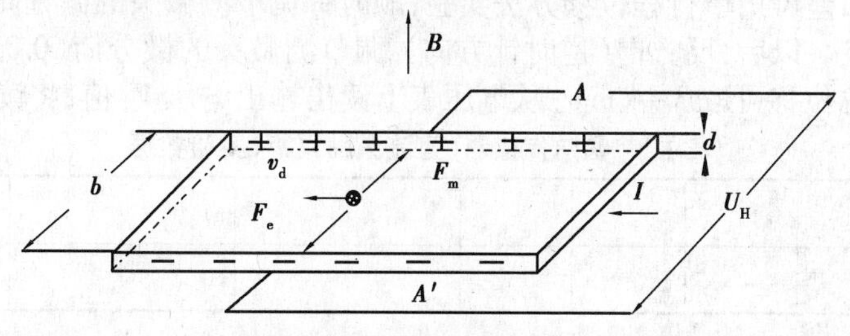

图 4.1 霍尔效应原理

具有上述霍尔效应的元件称为霍尔元件,霍尔元件大多采用 N 型半导体材料(金属材料中

自由电子浓度 n 很高,因此 R_H 很小,使输出 U_H 极小,不宜作霍尔元件),厚度 d 只有 1 μm 左右。

霍尔传感器有霍尔元件和集成霍尔传感器两种类型。集成霍尔传感器是把霍尔元件、放大器等做在一个芯片上的集成电路型结构,与霍尔元件相比,它具有微型化、灵敏度高、可靠性高、寿命长、功耗低、负载能力强以及使用方便等优点。

本实验采用的霍尔式位移(小位移 1~2 mm)传感器是由线性霍尔元件、永久磁钢组成,其他很多物理量(如力、压强、机械振动等)本质上都可转变成位移的变化来测量。霍尔式位移传感器的工作原理和实验电路原理如图 4.2 (a)、(b)所示。将磁场强度相同的两块永久磁钢同极性相对放置着,线性霍尔元件置于两块磁钢间的中点,其磁感应强度为 0,设这个位置为位移的零点,即 $X=0$,因磁感应强度 $B=0$,故输出电压 $U_H=0$。当霍尔元件沿 X 轴有位移时,由于 $B\neq0$,则有一电压 U_H 输出,U_H 经差动放大器放大输出为 V。V 与 X 有一一对应的特性关系。

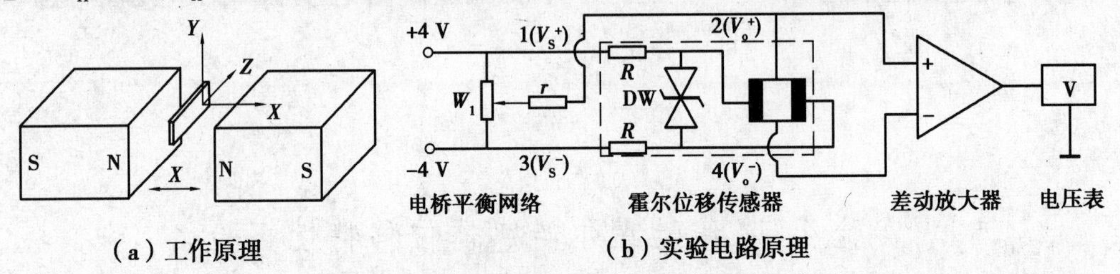

(a) 工作原理　　(b) 实验电路原理

图 4.2　霍尔式位移传感器工作原理图

*注意:线性霍尔元件有 4 个引线端。涂黑二端是电源输入激励端,另外二端是输出端。接线时,电源输入激励端与输出端千万不能颠倒,否则就会损坏霍尔元件。

4.1.3　需用器件与单元

主机箱中的±2~±10 V(步进可调)直流稳压电源、±15 V 直流稳压电源、电压表;霍尔传感器实验模板、霍尔传感器、测微头。

4.1.4　实验步骤

①调节测微头的微分筒(0.01 mm/每小格),使微分筒的 0 刻度线对准轴套的 10 mm 刻度线。按示意图 4.3 所示安装、接线,将主机箱上的电压表量程切换开关打到 2 V 挡,±2~±10 V(步进可调)直流稳压电源调节到±4 V 挡。

②检查接线无误后,开启主机箱电源,松开安装测微头的紧固螺钉,移动测微头的安装套,使传感器的 PCB 板(霍尔元件)处在两圆形磁钢的中点位置(目测)时,拧紧紧固螺钉,再调节 R_{W1} 使电压表显示 0。

③测位移使用测微头时,来回调节微分筒使测杆产生位移的过程中本身存在机械回程差,为消除这种机械回差可用单行程位移方法实验:顺时针调节测微头的微分筒 3 周,记录电压表读数作为位移起点。以后,反方向(逆时针方向) 调节测微头的微分筒(0.01 mm/每小格),每隔 $\Delta X=0.1$ mm(总位移可取 3~4 mm)从电压表上读出输出电压 V_o 值,将读数填入表 4.1 中。

表 4.1　霍尔传感器(直流激励)位移实验数据

ΔX/mm											
V/mV											

④根据表中数据作出 V—X 实验曲线,分析曲线在不同测量范围(±0.5 mm、±1 mm、±2 mm)时的灵敏度和非线性误差。实验完毕,关闭电源。

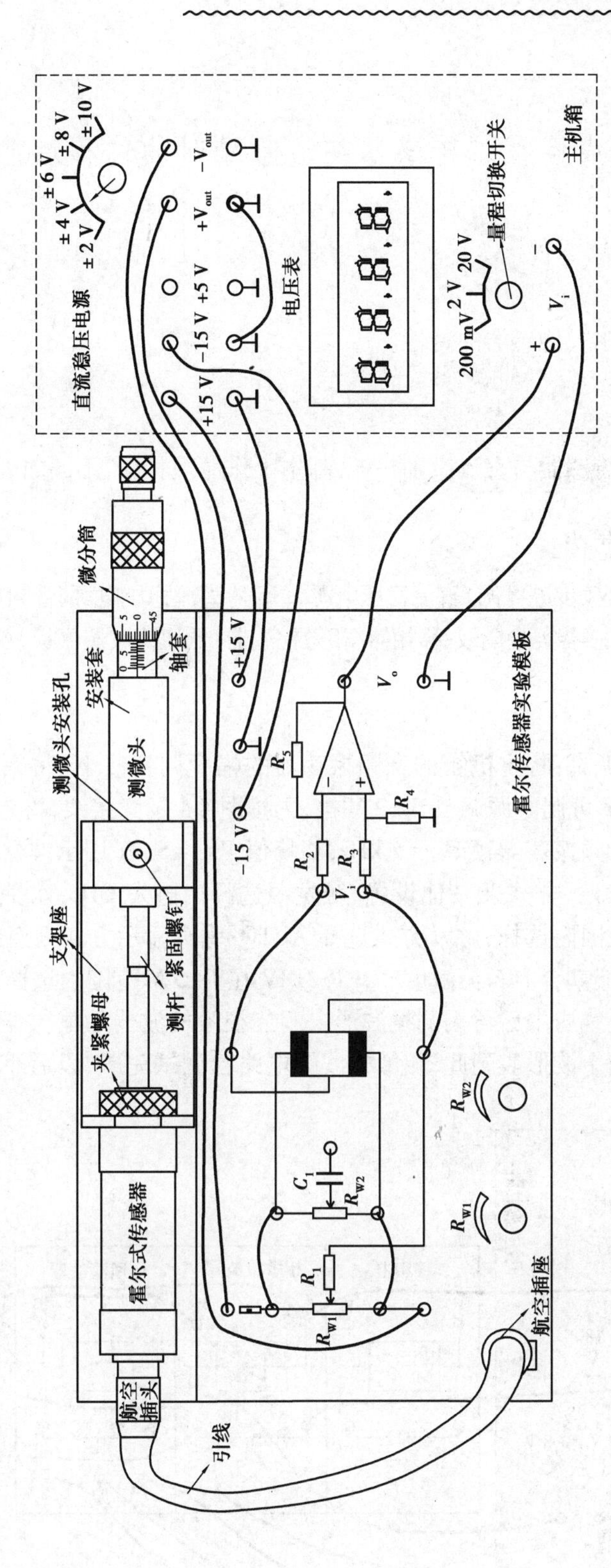

图4.3　霍尔传感器（直流激励）位移实验接线示意图

实验4.2　线性霍尔传感器交流激励时的位移性能实验

4.2.1　实验目的

了解交流激励时霍尔式传感器的特性。

4.2.2　基本原理

交流激励时霍尔式传感器与直流激励一样,基本工作原理相同,不同之处是测量电路。

4.2.3　需用器件与单元

主机箱中的±2~±10 V(步进可调)直流稳压电源、±15 V直流稳压电源、音频振荡器、电压表;测微头、霍尔传感器、霍尔传感器实验模板、移相器/相敏检波器/低通滤波器模板、双踪示波器。

4.2.4　实验步骤

①相敏检波器电路调试:将主机箱的音频振荡器的幅度调到最小(将幅度旋钮逆时针轻轻转到底),将±2~±10 V可调电源调节到±2 V挡,再按图4.4示意接线,检查接线无误后合上主机箱电源开关,调节音频振荡器频率f=1 kHz,峰峰值V_{p-p}=5 V(用示波器测量)。提示:正确选择双踪示波器的“触发”方式及其他设置,触发源选择内触发CH_1,水平扫描速度TIME/DIV在0.1 ms~10 μs范围内选择,触发方式选择AUTO;垂直显示方式为双踪显示DUAL,垂直输入耦合方式选择直流耦合DC,灵敏度VOLTS/DIV在1~5 V范围内选择。当CH_1、CH_2输入对地短接时,移动光迹线居中后再去测量波形。调节相敏检波器的电位器钮使示波器显示幅值相等、相位相反的两个波形。到此,相敏检波器电路已调试完毕,以后不要触碰这个电位器钮。关闭电源。

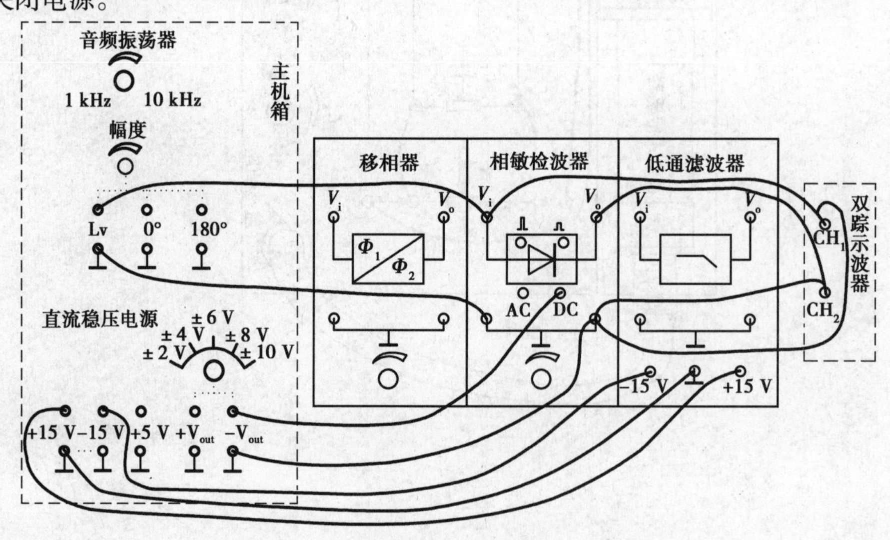

图4.4　相敏检波器电路调试接线示意图

图 4.6　开关式霍尔传感器测转速原理框图

4.3.3　需用器件与单元

主机箱中的转速调节 0~24 V 直流稳压电源、+5 V 直流稳压电源、电压表、频率\转速表；霍尔转速传感器、转动源。

4.3.4　实验步骤

①根据图 4.7 将霍尔转速传感器安装于霍尔架上，传感器的端面对准转盘上的磁钢并调节升降杆使传感器端面与磁钢之间的间隙为 2~3 mm。

②将主机箱中的转速调节电源 0~24 V 旋钮调到最小（逆时针方向转到底）后接入电压表（电压表量程切换开关打到 20 V 挡）；其他接线按图 4.7 所示连接（注意霍尔转速传感器的三根引线的序号）；将频率\转速表的开关调到转速挡。

③检查接线无误后合上主机箱电源开关，在小于 12 V 范围内（电压表监测）调节主机箱的转速调节电源（调节电压改变直流电机电枢电压），观察电机转动及转速表的显示情况。

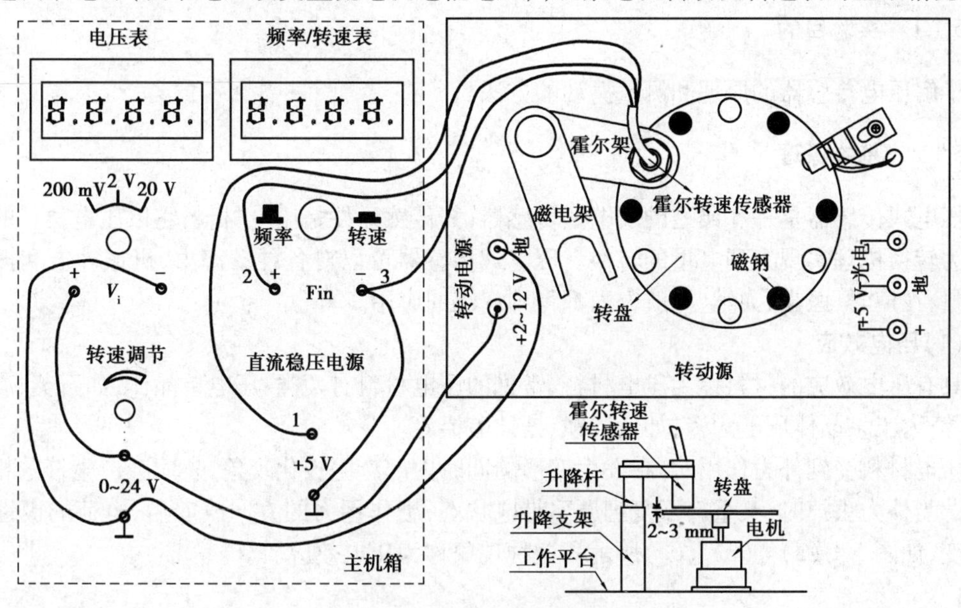

图 4.7　霍尔转速传感器实验安装、接线示意图

④从 2 V 开始记录每增加 1 V 相应电机转速的数据（待电机转速比较稳定后读取数据）；画出电机的 $V—n$（电机电枢电压与电机转速的关系）特性曲线。实验完毕，关闭电源。

思考题

1. 利用开关式霍尔传感器测转速时被测对象要满足什么条件？

2. 磁电式转速传感器测很低的转速时会降低精度，甚至不能测量。如何创造条件保证磁电式转速传感器正常测转速？能说明理由吗？

模块 5
压电式传感器实验模块

实验 压电式传感器测振动实验

5.1.1 实验目的

了解压电传感器的原理和测量振动的方法。

5.1.2 基本原理

压电式传感器是一和典型的发电型传感器，其传感元件是压电材料，它以压电材料的压电效应为转换机理实现力到电量的转换。压电式传感器可以对各种动态力、机械冲击和振动进行测量，在声学、医学、力学、导航方面都得到广泛的应用。

(1)压电效应

具有压电效应的材料称为压电材料，常见的压电材料有两类：压电单晶体，如石英、酒石酸钾钠等；人工多晶体压电陶瓷，如钛酸钡、锆钛酸铅等。

压电材料受到外力作用时，在发生变形的同时内部产生极化现象，表面会产生符号相反的电荷。当外力去掉时，又重新回复到原不带电状态；当作用力的方向改变后，电荷的极性也随之改变，如图 5.1 (a) 、(b) 、(c)所示。这种现象称为压电效应。

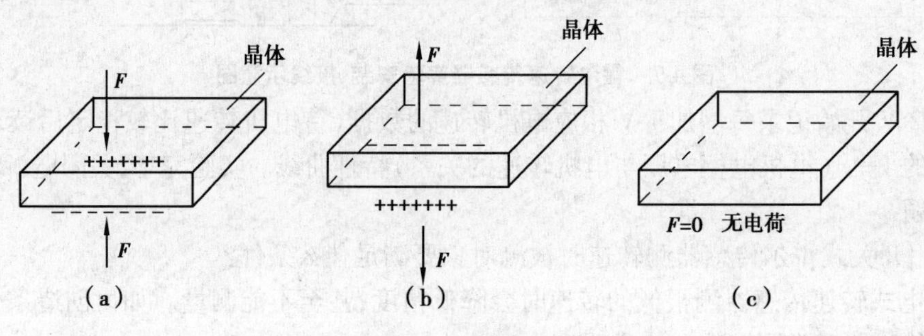

图 5.1 压电效应

（2）**压电晶片及其等效电路**

多晶体压电陶瓷的灵敏度比压电单晶体要高很多，压电传感器的压电元件是在两个工作面上蒸镀有金属膜的压电晶片，金属膜构成两个电极，如图 5.2（a）所示。当压电晶片受到力的作用时，便有电荷聚集在两极上，一面为正电荷，另一面为等量的负电荷。这种情况和电容器十分相似，所不同的是晶片表面上的电荷会随着时间的推移逐渐漏掉，因为压电晶片材料的绝缘电阻（也称漏电阻）虽然很大，但毕竟不是无穷大，从信号变换角度来看，压电元件相当于一个电荷发生器。从结构上看，它又是一个电容器。因此通常将压电元件等效为一个电荷源与电容相并联的电路，如 5.2（b）所示。其中 $e_a = Q/C_a$。式中，e_a 为压电晶片受力后所呈现的电压，也称为极板上的开路电压；Q 为压电晶片表面上的电荷；C_a 为压电晶片的电容。

实际的压电传感器中，往往用两片或两片以上的压电晶片进行并联或串联。压电晶片并联时如图 5.2（c）所示，两晶片正极集中在中间极板上，负电极集中在两侧的电极上，因而电容量大，输出电荷量大，时间常数大，宜于测量缓变信号并以电荷量作为输出。

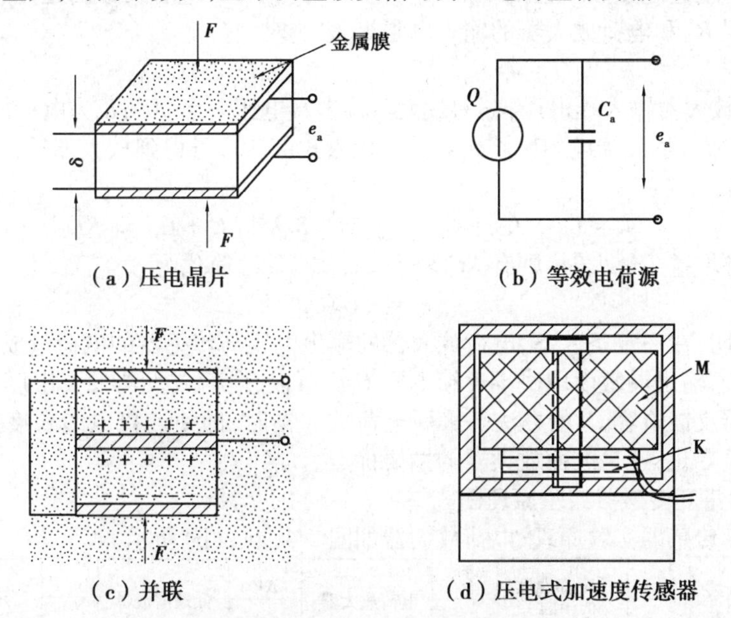

图 5.2　压电晶片及等效电路

压电传感器的输出，理论上应当是压电晶片表面上的电荷 Q。根据图 5.2（b）可知，测试中也可取等效电容 C_a 上的电压值，作为压电传感器的输出。因此，压电式传感器就有电荷和电压两种输出形式。

（3）**压电式加速度传感器**

图 5.2（d）是压电式加速度传感器的结构图。图中，M 是惯性质量块，K 是压电晶片。压电式加速度传感器实质上是一个惯性力传感器。在压电晶片 K 上，放有质量块 M。当壳体随被测振动体一起振动时，作用在压电晶体上的力 $F = Ma$。当质量 M 一定时，压电晶体上产生的电荷与加速度 a 成正比。

（4）**压电式加速度传感器和放大器等效电路**

压电传感器的输出信号很弱小，必须进行放大。压电传感器所配接的放大器有两种结构形式：一种是带电阻反馈的电压放大器，其输出电压与输入电压（即传感器的输出电压）成正比；另一种是带电容反馈的电荷放大器，其输出电压与输入电荷量成正比。

电压放大器测量系统的输出电压对电缆电容 C_c 敏感。当电缆长度变化时，C_c 就变化，使

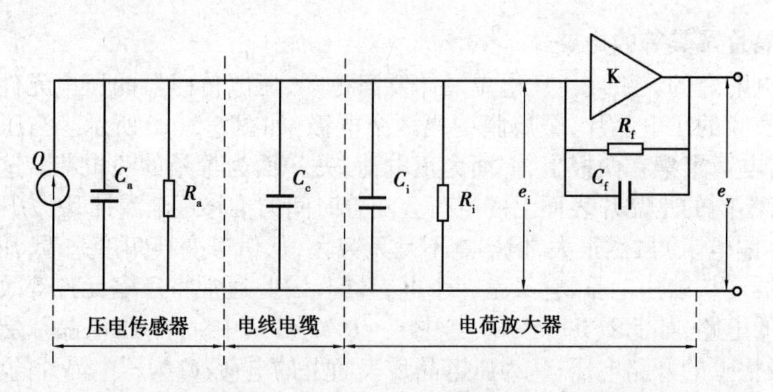

图 5.3　传感器—电缆—电荷放大器系统的等效电路图

得放大器输入电压 e_i 变化，系统的电压灵敏度也将发生变化，这就增加了测量的困难。电荷放大器则克服了上述电压放大器的缺点。它是一个高增益带电容反馈的运算放大器。当略去传感器的漏电阻 R_a 和电荷放大器的输入电阻 R_i 影响时，有

$$Q = e_i(C_a + C_c + C_i) + (e_i - e_y)C_f \tag{5.1}$$

式中，e_i 为放大器输入端电压；e_y 为放大器输出端电压 $e_y = -Ke_i$；K 为电荷放大器开环放大倍数；C_f 为电荷放大器反馈电容。将 $e_y = -Ke_i$ 代入式(5.1)，可得到放大器输出端电压 e_y 与传感器电荷 Q 的关系式：

设 $$C = C_a + C_c + C_i \qquad e_y = -KQ/[(C + C_f) + KC_f] \tag{5.2}$$

当放大器的开环增益足够大时，则有 $KC_f >> C + C_f$，式 (5.2)简化为

$$e_y = -Q/C_f \tag{5.3}$$

式(5.3)表明，在一定条件下，电荷放大器的输出电压与传感器的电荷量成正比，而与电缆的分布电容无关，输出灵敏度取决于反馈电容 C_f。所以，电荷放大器的灵敏度调节，都是采用切换运算放大器反馈电容 C_f 的办法。采用电荷放大器时，即使连接电缆长度达百米以上，其灵敏度也无明显变化，这是电荷放大器的主要优点。

(5)压电加速度传感器实验原理图

压电加速度传感器实验原理、电荷放大器如图 5.4(a)、(b)所示。

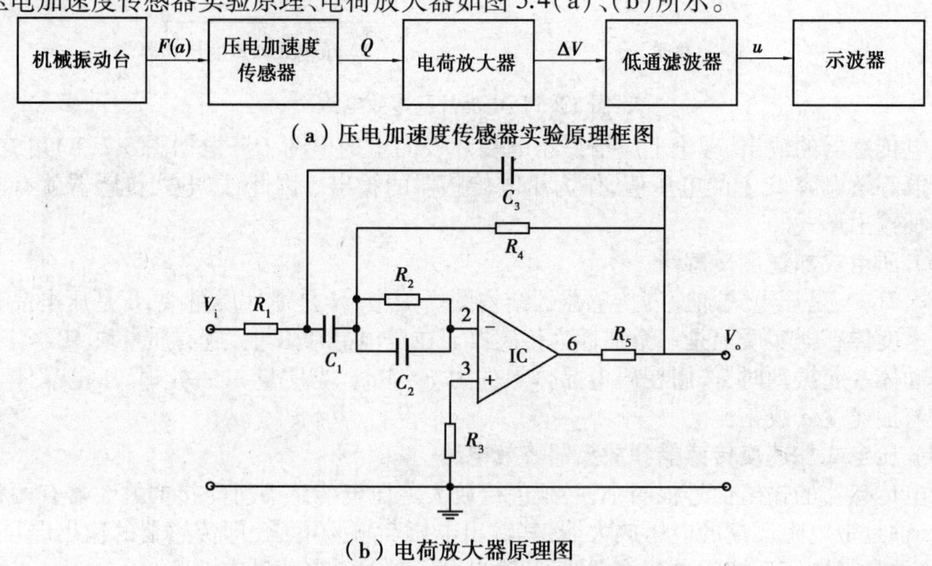

(b)电荷放大器原理图

图 5.4　实验原理图

5.1.3　需用器件与单元

主机箱±15 V 直流稳压电源、低频振荡器；压电传感器、压电传感器实验模板、移相器/相敏检波器/滤波器模板；振动源、双踪示波器。

5.1.4　实验步骤

①按图 5.5 所示将压电传感器安装在振动台面上（与振动台面中心的磁钢吸合），振动源的低频输入接主机箱中的低频振荡器，其他连线按图示意接线。

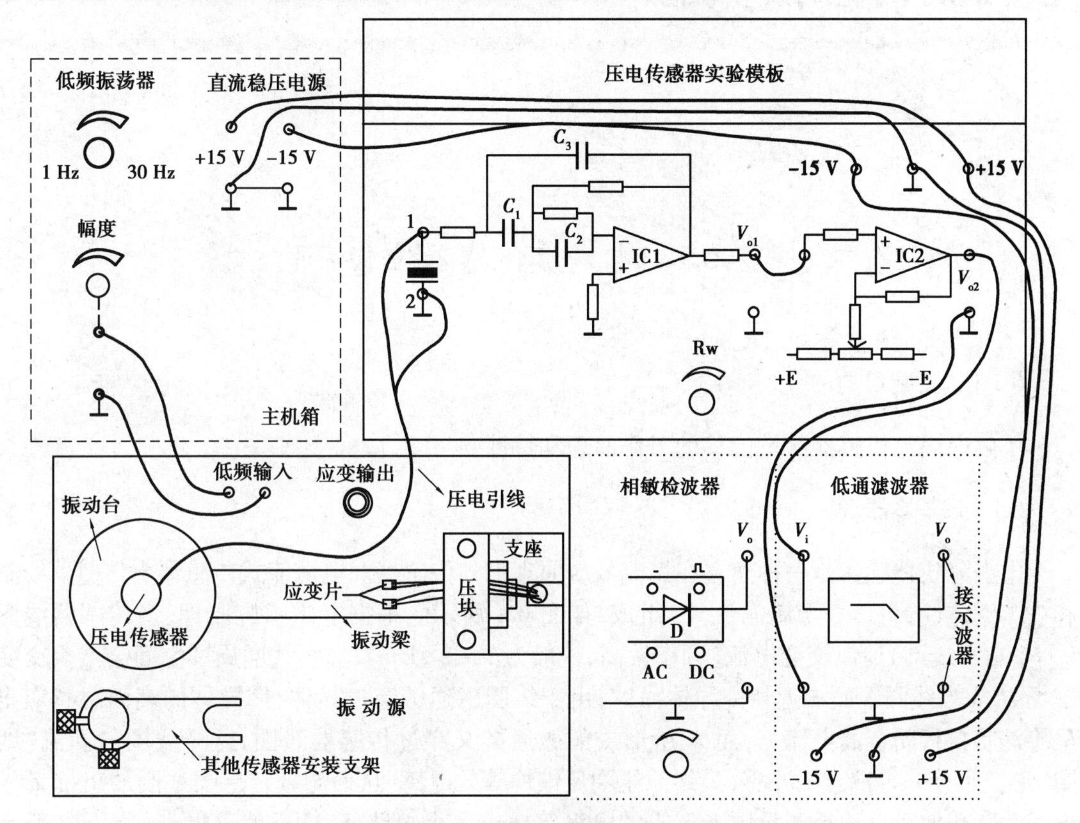

图 5.5　压电传感器振动实验安装、接线示意图

②将主机箱上的低频振荡器幅度旋钮逆时针转到底（低频输出幅度为零），调节低频振荡器的频率为 6~8 Hz。检查接线无误后合上主机箱电源开关。再调节低频振荡器的幅度，使振动台明显振动（如振动不明显可调频率）。

③用示波器的两个通道[正确选择双踪示波器的“触发”方式及其他（TIME/DIV：在 50~20 ms 范围内选择；VOLTS/DIV：0.5 V~50 mV 范围内选择）设置]同时观察低通滤波器输入端和输出端波形；在振动台正常振动时用手指敲击振动台同时观察输出波形变化。

④改变低频振荡器的频率（调节主机箱低频振荡器的频率），观察输出波形变化。实验完毕，关闭电源。

模块 6

电涡流传感器实验

实验6.1　电涡流传感器位移实验

6.1.1　实验目的

了解电涡流传感器测量位移的工作原理和特性。

6.1.2　基本原理

电涡流式传感器是一种建立在涡流效应原理上的传感器。电涡流式传感器由传感器线圈和被测物体(导电体—金属涡流片)组成,如图6.1所示。根据电磁感应原理,当传感器线圈(一个扁平线圈)通以交变电流(频率较高,一般为1 ~2 MHz)I_1时,线圈周围空间会产生交变磁场H_1。当线圈平面靠近某一导体面时,由于线圈磁通链穿过导体,使导体的表面层感应出呈旋涡状自行闭合的电流I_2,而I_2所形成的磁通链又穿过传感器线圈,这样线圈与涡流"线圈"形成了有一定耦合的互感,最终原线圈反馈一等效电感,从而导致传感器线圈的阻抗Z发生变化。我们可以把被测导体上形成的电涡等效成一个短路环,这样就可得到如图6.2所示的等效电路。图中R_1、L_1为传感器线圈的电阻和电感。短路环可以认为是一匝短路线圈,其电阻为R_2、电感为L_2。线圈与导体间存在一个互感M,它随线圈与导体间距的减小而增大。

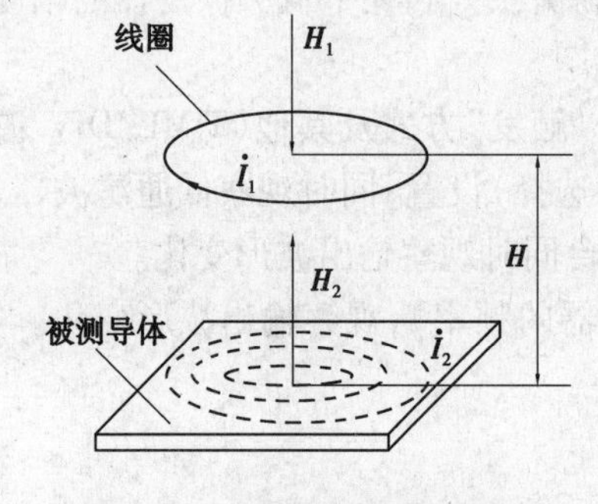

图6.1　电涡流传感器原理图

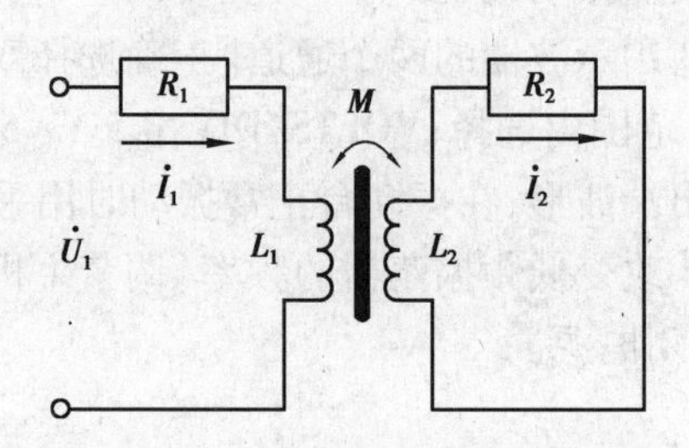

图6.2　电涡流传感器等效电路图

根据等效电路可列出电路方程组：

$$\begin{cases} R_2\dot{I}_2 + j\omega L_2\dot{I}_2 - j\omega M\dot{I}_1 = 0 \\ R_1\dot{I}_1 + j\omega L_1\dot{I}_1 - j\omega M\dot{I}_2 = \dot{U}_1 \end{cases}$$

通过解方程组，可得 $\dot{I}_1$、$\dot{I}_2$。因此传感器线圈的复阻抗为

$$Z = \frac{\dot{U}}{\dot{I}} = \left[R_1 + \frac{\omega^2M^2}{R_2^2 + (\omega L_2)^2}R_2\right] + j\left[\omega L_1 - \frac{\omega^2M^2}{R_2^2 + (\omega L_2)^2}\omega L_2\right]$$

线圈的等效电感为

$$L = L_1 - L_2\frac{\omega^2M^2}{R_2^2 + (\omega L_2)^2}$$

线圈的等效 Q 值为

$$Q = Q_0\{[1 - (L_2\omega^2M^2)/(L_1Z_2^2)]/[1 + (R_2\omega^2M^2)/(R_1Z_2^2)]\}$$

式中　Q_0——无涡流影响下线圈的 Q 值，$Q_0=\omega L_1/R_1$；

Z_2^2——金属导体中产生电涡流部分的阻抗，$Z_2{}^2=R_2^2+\omega^2L_2{}^2$。

由此可以看出，线圈与金属导体系统的阻抗 Z、电感 L 和品质因数 Q 值都是该系统互感系数平方的函数，而从麦克斯韦互感系数的基本公式出发，可得互感系数是线圈与金属导体间距离 $x(H)$ 的非线性函数。因此 Z、L、Q 均是 x 的非线性函数。虽然整个函数是一非线性的，其函数特征为 S 形曲线，但可以选取它近似为线性的一段。其实，Z、L、Q 的变化与导体的电导率、磁导率、几何形状、线圈的几何参数、激励电流频率以及线圈到被测导体间的距离有关。如果控制上述参数中的一个参数改变，而其余参数不变，则阻抗就成为这个变化参数的单值函数。当电涡流线圈、金属涡流片以及激励源确定后，并保持环境温度不变，则只与距离 x 有关。因此，通过传感器的调理电路（前置器）处理，将线圈阻抗 Z、L、Q 的变化转化成电压或电流的变化输出。输出信号的大小随探头到被测体表面之间的间距而变化，电涡流传感器就是根据这一原理实现对金属物体的位移、振动等参数的测量。

为实现电涡流位移测量，必须有一个专用的测量电路。这一测量电路（称之为前置器，也称电涡流变换器）应包括具有一定频率的稳定的振荡器和一个检波电路等。电涡流传感器位移测量实验框图如图 6.3 所示。

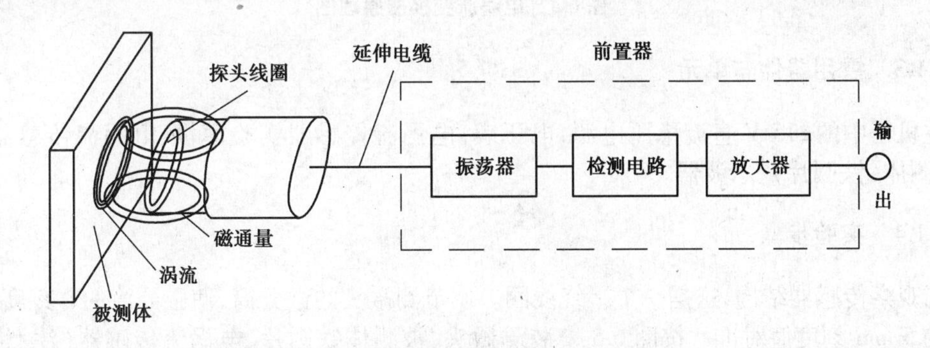

图 6.3　电涡流位移特性实验原理框图

根据电涡流传感器的基本原理,将传感器与被测体间的距离变换为传感器的 Q 值、等效阻抗 Z 和等效电感 L 三个参数,用相应的测量电路(前置器)来测量。

本实验的涡流变换器为变频调幅式测量电路,电路原理如图 6.4 所示。电路组成:

① Q_1、C_1、C_2、C_3 组成电容三点式振荡器,产生频率为 1 MHz 左右的正弦载波信号。电涡流传感器接在振荡回路中,传感器线圈是振荡回路的一个电感元件。振荡器作用是将位移变化引起的振荡回路的 Q 值变化转换成高频载波信号的幅值变化。

② D_1、C_5、L_2、C_6 组成了由二极管和 LC 形成的 π 形滤波的检波器。检波器的作用是将高频调幅信号中传感器检测到的低频信号取出来。

③ Q_2 组成射极跟随器。射极跟随器的作用是输入、输出匹配以获得尽可能大的不失真输出的幅度值。

电涡流传感器是通过传感器端部线圈与被测物体(导电体)间的间隙变化来测物体的振动相对位移量和静位移的,它与被测物之间没有直接的机械接触,具有很宽的使用频率范围(0~10 Hz)。当无被测导体时,振荡器回路谐振于 f_0,传感器端部线圈 Q_0 为定值且最高,对应的检波输出电压 V_o 最大。当被测导体接近传感器线圈时,线圈 Q 值发生变化,振荡器的谐振频率发生变化,谐振曲线变得平坦,检波出的幅值 V_o 变小。V_o 变化反映了位移 x 的变化。电涡流传感器在位移、振动、转速、探伤、厚度测量上得到应用。

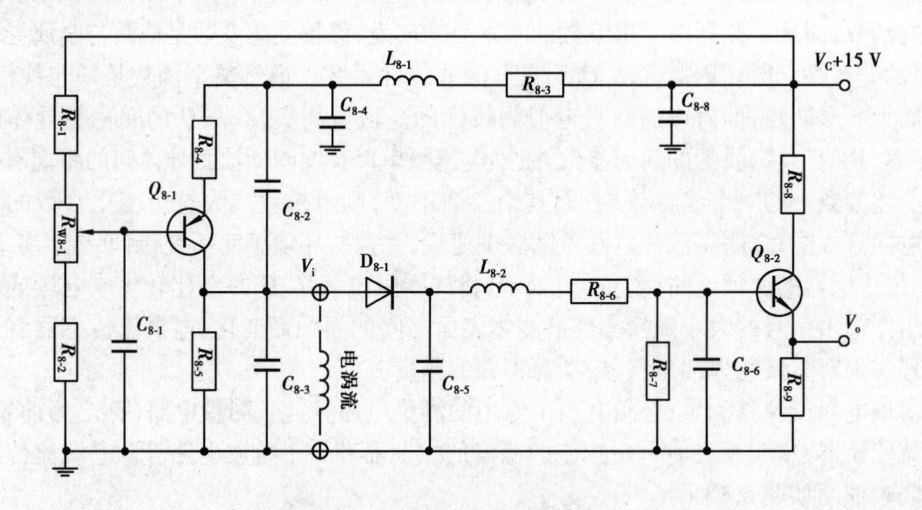

图 6.4 电涡流变换器原理图

6.1.3 需用器件与单元

主机箱中的±15 V 直流稳压电源、电压表;电涡流传感器实验模板、电涡流传感器、测微头、被测体(铁圆片)、示波器。

6.1.4 实验步骤

①观察传感器结构,这是一个平绕线圈。调节测微头的微分筒,使微分筒的 0 刻度值与轴套上的 5 mm 刻度值对准。按图 6.5 安装测微头、被测体铁圆片、电涡流传感器(注意安装顺序:首先将测微头的安装套插入安装架的安装孔内,再将被测体铁圆片套在测微头的测杆上;然后在支架上安装好电涡流传感器;最后平移测微头安装套使被测体与传感器端面相贴并拧

紧测微头安装孔的紧固螺钉)，再按图 6.5 示意接线。

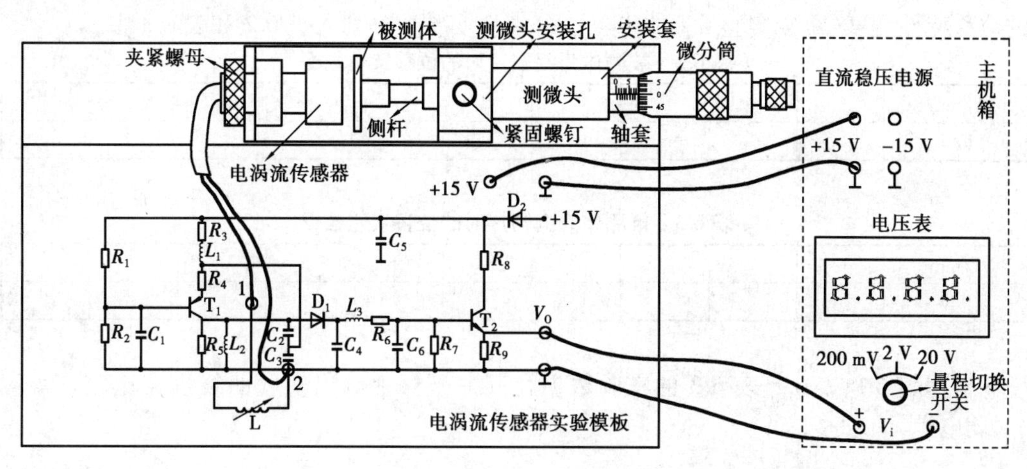

图 6.5　电涡流传感器安装、接线示意图

②将电压表量程切换开关切换到 20 V 挡，检查接线无误后开启主机箱电源，记下电压表读数，然后逆时针调节测微头微分筒，每隔 0.1 mm 读一个数，直到输出 V_o 变化很小为止并将数据列入表 6.1(在输入端即传感器二端可接示波器观测振荡波形)中。

表 6.1　电涡流传感器位移 X 与输出电压数据

X/mm					…					
V_o/V										

③根据表 6.1 数据，画出 V—X 实验曲线，根据曲线找出线性区域比较好的范围计算灵敏度和线性度(可用最小二乘法或其他拟合直线)。实验完毕，关闭电源。

实验 6.2　被测体材质对电涡流传感器特性影响实验

6.2.1　实验目的

了解不同的被测体材料对电涡流传感器性能的影响。

6.2.2　基本原理

涡流效应与金属导体本身的电阻率和磁导率有关，因此不同的导体材料就会有不同的性能。

6.2.3　需用器件与单元

主机箱中的±15 V 直流稳压电源、电压表；电涡流传感器实验模板、电涡流传感器、测微头、被测体(铜、铝圆片)。

6.2.4　实验步骤

①实验步骤、方法与实验 6.1 相同。

②将实验6.1中(图6.5)的被测体铁圆片换成铝和铜圆片,进行被测体为铝圆片和铜圆片时的位移特性测试(重复实验6.1的步骤),分别将实验数据列入表6.2和表6.3中。

表6.2　被测体为铝圆片时的位移实验数据

X/mm										
V/v										

表6.3　被测体为铜圆片时的位移实验数据

X/mm										
V/v										

③根据表6.1、表6.2、表6.3的实验数据在同一坐标上画出实验曲线进行比较。实验完毕,关闭电源。

实验6.3　被测体面积大小对电涡流传感器的特性影响实验

6.3.1　实验目的

了解电涡流传感器的位移特性与被测体的形状和尺寸有关。

6.3.2　基本原理

在实际应用中,由于被测体的形状、大小不同会导致被测体上涡流效应的不充分,会减弱甚至不产生涡流效应,因此影响电涡流传感器的静态特性,所以在实际测量中,往往必须针对具体的被测体进行静态特性标定。

6.3.3　需用器件与单元

主机箱中的±15 V直流稳压电源、电压表;电涡流传感器、测微头、电涡流传感器实验模板、两个面积不同的铝被测体。

6.3.4　实验步骤

①传感器、测微头、被测体安装、接线见图6.5,实验步骤和方法与实验6.1相同。

②在测微头的测杆上分别用两种不同面积的被测铝材对电涡流传感器的位移特性影响进行实验,分别将实验数据列入表6.4。

表6.4　同种铝材的面积大小对电涡流传感器的位移特性影响实验数据

X/mm										
被测体1										
被测体2										

③根据表6.4数据画出实验曲线。实验完毕,关闭电源。

思考题

根据实验曲线分析应选用哪一个作为被测体为好?说明理由。

实验 6.4　电涡流传感器测量振动实验

6.4.1　实验目的

了解电涡流传感器测振动的原理与方法。

6.4.2　基本原理

根据电涡流传感器位移特性，根据被测材料选择合适的工作点即可测量振动。

6.4.3　需用器件与单元

主机箱中的±15 V 直流稳压电源、电压表、低频振荡器；电涡流传感器实验模板、移相器/相敏检波器/滤波器模板；振动源、升降杆、传感器连接桥架、电涡流传感器、被测体（铁圆片）、示波器（自备）。

6.4.4　实验步骤

①将被测体（铁圆片）放在振动源的振动台中心点上，按图 6.6 安装电涡流传感器（传感器对准被测体）并按图接线。

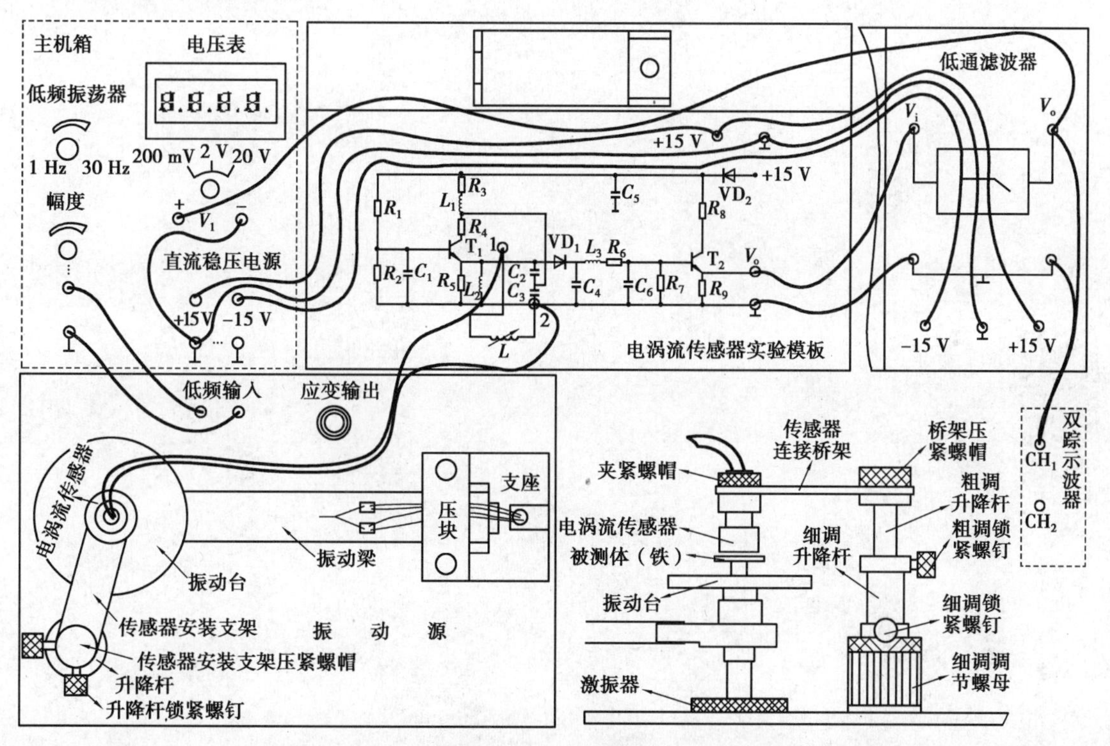

图 6.6　电涡流传感器测振动安装、接线示意图

②将主机箱上的低频振荡器幅度旋钮逆时针转到底(低频输出幅度为零);电压表的量程切换开关切到20 V挡。仔细检查接线无误后开启主机箱电源。调节升降杆高度,使电压表显示为2 V左右即为电涡流传感器的最佳工作点安装高度(传感器与被测体铁圆片静态时的最佳距离)。

③调节低频振荡器的频率为8 Hz左右,再顺时针慢慢调节低频振荡器幅度旋钮,使振动台小幅度起振(振动幅度不要过大,电涡流传感器非接触式测微小位移)。用示波器[正确选择示波器的“触发”方式及其他(TIME/DIV:在50~20 ms范围内选择;VOLTS/DIV:在0.5 V~50 mV范围内选择)设置]监测涡流变换器的输出波形;再分别改变低频振荡器的振荡频率、幅度,分别观察、体会涡流变换器输出波形的变化。实验完毕,关闭电源。

模块 7 光纤及光电传感器实验

实验 7.1 光纤位移传感器测位移特性实验

7.1.1 实验目的

了解光纤位移传感器的工作原理和性能。

7.1.2 基本原理

光纤传感器是利用光纤的特性研制而成的传感器。光纤具有很多优异的性能,例如:抗电磁干扰和原子辐射的性能,径细、质软、质量轻的机械性能,绝缘、无感应的电气性能,耐水、耐高温、耐腐蚀的化学性能等,它能够在人达不到的地方(如高温区),或者对人有害的地区(如核辐射区)起到耳目作用,而且还能超越人的生理极限,接收人的感官所感受不到的外界信息。

光纤传感器主要分为两类:功能型光纤传感器及非功能型光纤传感器(也称为物性型和结构型)。功能型光纤传感器利用对外界信息具有敏感能力和检测功能的光纤,构成“传”和“感”合为一体的传感器。这里光纤不仅起传光的作用,而且还起敏感作用。工作时利用检测量去改变描述光束的一些基本参数,如光的强度、相位、偏振、频率等,它们的改变反映了被测量的变化。由于对光信号的检测通常使用光电二极管等光电元件,所以光的那些参数的变化,最终都要被光接收器接收并被转换成光强度及相位的变化。这些变化经信号处理后,就可得到被测的物理量。应用光纤传感器的这种特性可以实现力、温度等物理参数的测量。非功能型光纤传感器主要是利用光纤对光的传输作用,由其他敏感元件与光纤信息传输回路组成测试系统,光纤在此仅起传输作用。

本实验采用的是传光型光纤位移传感器,它由两束光纤混合后,组成 Y 形光纤,半圆分布(即双 D 分布),一束光纤端部与光源相接发射光束,另一束端部与光电转换器相接接收光束。两光束混合后的端部是工作端,亦称探头,它与被测体相距 d,由光源发出的光纤传到端部出射后再经被测体反射回来,另一束光纤接收光信号由光电转换器转换成电量,如图 7.1 所示。

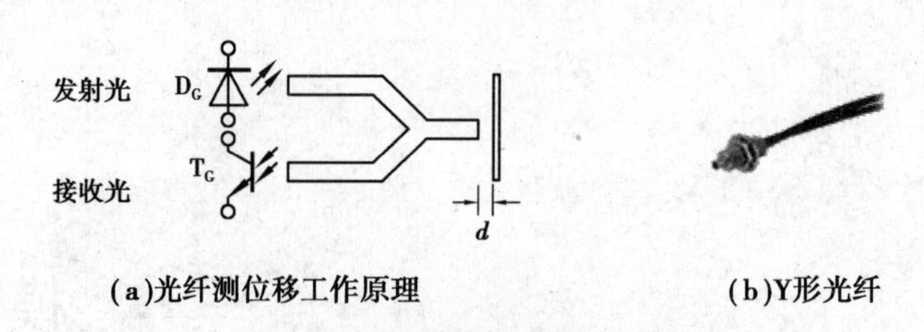

(a)光纤测位移工作原理　　(b)Y形光纤

图 7.1　Y 形光纤测位移工作原理图

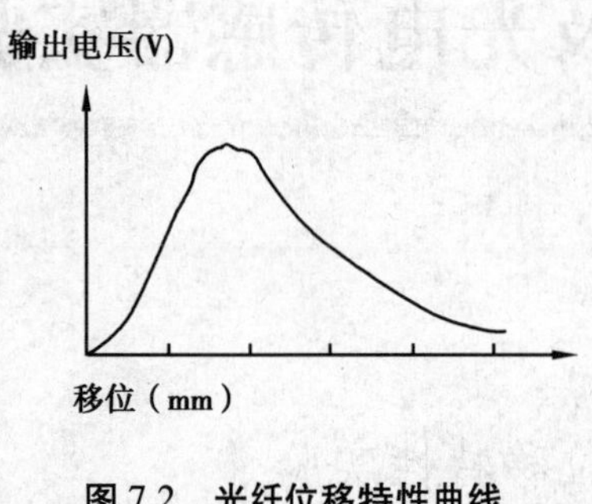

图 7.2　光纤位移特性曲线

传光型光纤传感器位移量测是根据传送光纤之光场与受信光纤交叉地方视景做决定。当光纤探头与被测物接触或零间隙时($d=0$),则全部传输光量直接被反射至传输光纤。没有提供光给接收端之光纤,输出信号便为“零”。当探头与被测物之距离增加时,接收端接收的光量也越多,输出信号便增大;当探头与被测物之距离增加到一定值时,接收端光纤全部被照明为止,此时也被称为“光峰值”。达到光峰值之后,探针与被测物之距离继续增加时,将造成反射光扩散或超过接收端接收视野,使得输出的信号与量测距离成反比例关系。如图 7.2 所示,一般都选用线性范围较好的前坡为测试区域。

7.1.3　需用器件与单元

主机箱中的±15 V 直流稳压电源、电压表;Y 形光纤传感器、光纤传感器实验模板、测微头、反射面(抛光铁圆片)。

7.1.4　实验步骤

①观察光纤结构:二根多模光纤组成 Y 形位移传感器。将二根光纤尾部端面(包铁端部)对住自然光照射,观察探头端面现象,当其中一根光纤的尾部端面用不透光纸挡住时,探头端观察面为半圆双 D 形结构。

②按图 7.3 示意安装、接线。a.安装光纤:安装光纤时,要用手抓捏两根光纤尾部的包铁部分轻轻插入光电座中,绝对不能用手抓捏光纤的黑色包皮部分进行插拔,插入时不要过分用力,以免损坏光纤座组件中的光电管。b.测微头、被测体安装:调节测微头的微分筒到 5 mm 处(测微头微分筒的 0 刻度与轴套 5 mm 刻度对准)。将测微头的安装套插入支架座安装孔内并在测微头的测杆上套上被测体(铁圆片抛光反射面),移动测微头安装套使被测体的反射面紧贴住光纤探头并拧紧安装孔的紧固螺钉。

③将主机箱电压表的量程切换开关切换到 20 V 挡,检查接线无误后合上主机箱电源开关。调节实验模板上的 R_W,使主机箱中的电压表显示为 0 V。

④逆时针调动测微头的微分筒,每隔 0.1 mm(微分筒刻度 0~10、10~20……)读取电压表显示值并填入表 7.1。

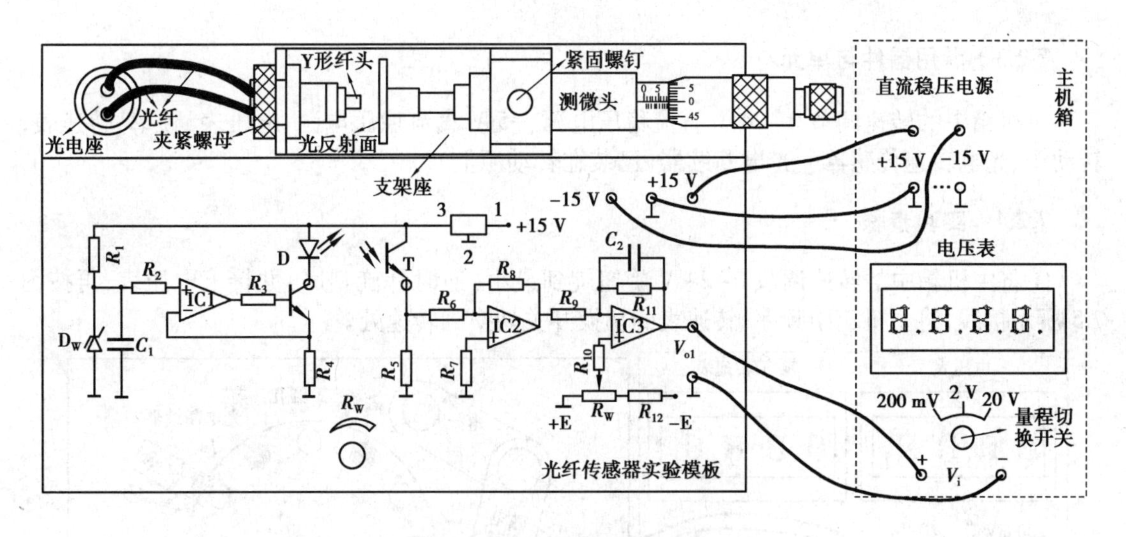

图7.3　光纤传感器位移实验接线示意图

表7.1　光纤位移传感器输出电压与位移数据

X/mm										
V/v										

⑤根据表7.1数据画出实验曲线并找出线性区域较好的范围计算灵敏度和非线性误差。实验完毕，关闭电源。

思考题

光纤位移传感器测位移时对被测体的表面有些什么要求？

实验7.2　光电传感器测量转速实验

7.2.1　实验目的

了解光电转速传感器测量转速的原理及方法。

7.2.2　基本原理

光电式转速传感器有反射型和透射型两种。本实验装置是透射型的（光电断续器也称光耦），传感器端部二内侧分别装有发光管和光电管，发光管发出的光源透过转盘上通孔后由光电管接收转换成电信号。由于转盘上有均匀间隔的6个孔，转动时将获得与转速有关的脉冲数，脉冲经处理由频率表显示f，即可得到转速$n=10f$。实验原理框图如图7.4所示。

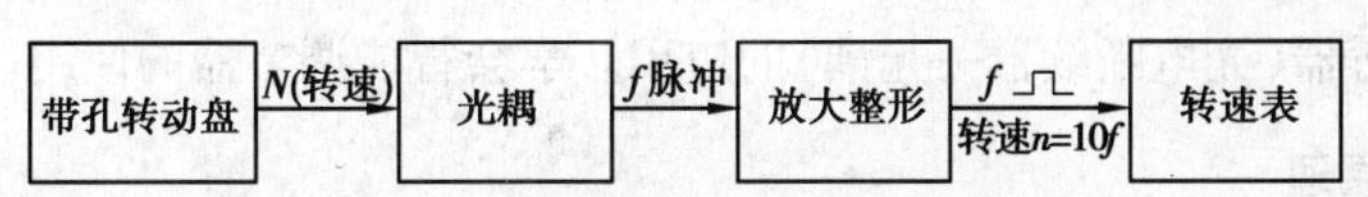

图7.4　光耦测转速实验原理框图

7.2.3 需用器件与单元

主机箱中的转速调节 0~24 V 直流稳压电源、+5 V 直流稳压电源、电压表、频率\转速表；转动源、光电转速传感器—光电断续器(已装在转动源上)。

7.2.4 实验步骤

①将主机箱中的转速调节 0~24 V 旋钮旋到最小(逆时针旋到底)并接上电压表；再按图 7.5 所示接线，将主机箱中频率/转速表的切换开关切换到转速处。

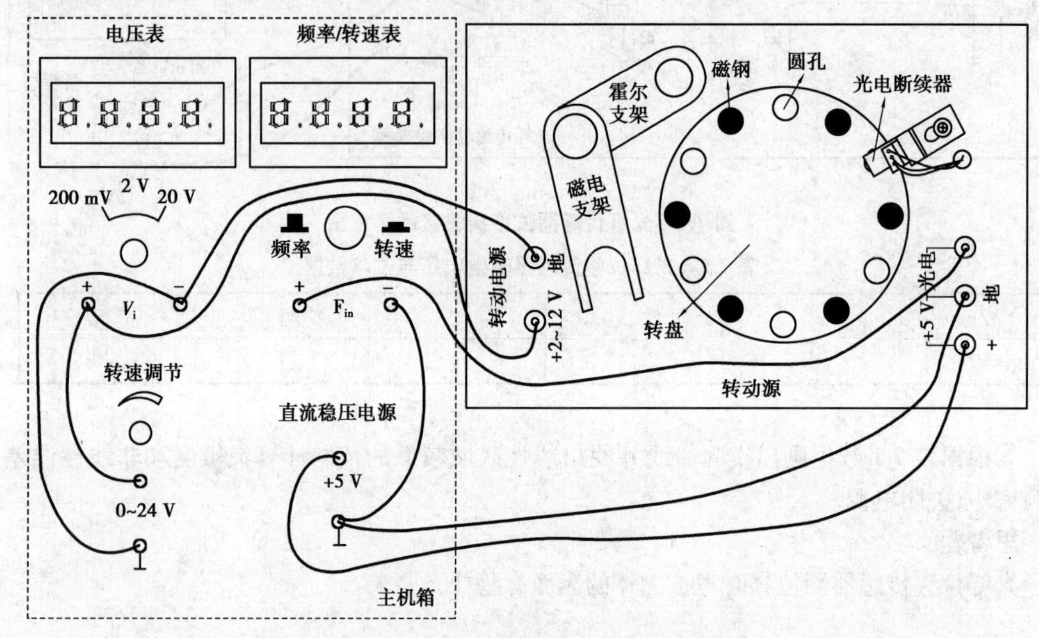

图 7.5 光电传感器测速实验接线示意图

②检查接线无误后，合上主机箱电源开关，在小于 12 V 范围内(电压表监测)调节主机箱的转速调节电源(调节电压改变电机电枢电压)，观察电机转动及转速表的显示情况。

③从 2 V 开始记录每增加 1 V 相应电机转速的数据(待转速表显示比较稳定后读取数据)；画出电机的 V—n(电机电枢电压与电机转速的关系)特性曲线。实验完毕，关闭电源。

思考题

实验中用了多种传感器测量转速，试分析比较哪种方法最简单、方便。

实验 7.3 光电传感器控制电机转速实验

7.3.1 实验目的

了解光电传感器(光电断续器—光耦)的应用。学会智能调节器的使用。

7.3.2 基础原理

利用光电传感器检测到的转速频率信号经 F/V 转换后作为转速的反馈信号，该反馈信号与智能人工调节仪的转速设定比较后进行数字 PID 运算，调节电压驱动器改变直流电机电枢电压，使电机转速趋近设定转速（设定值：400 转/分～2 200 转/分）。转速控制原理框图如图 7.6所示。

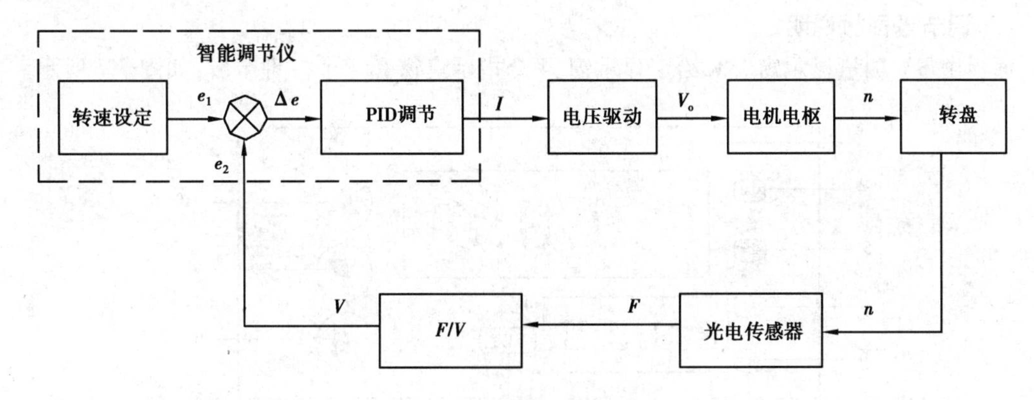

图 7.6　转速控制原理框图

7.3.3　需用器件与单元

主机箱中的智能调节器单元、+5 V 直流稳压电源；转动源、光电转速传感器—光电断续器（已装在转动源上）。

7.3.4　智能调节器简介

（1）概述

主机箱中所装的调节仪表为人工智能工业调节仪，仪表由单片机控制，具有热电阻、热电偶、电压、电流、频率 TTL 电平等多种信号自由输入（通过输入规格设置），手动自动切换等功能，主控方式在传统 PID 控制算法基础上，结合模糊控制理论创建了新的人工智能调节 PID 控制算法。在各种不同的系统上，经仪表自整定的参数大多数能得到满意的控制效果，具有无超调、抗扰动性强等特点。

此外，仪表还具有良好的人机界面，仪表能根据设置自动屏蔽不相应的参数项，使用户更觉简洁易接受。

（2）主要技术指标

①基本误差：≤±0.5%F.S±1 个字，±0.3%F.S±1 个字。

②冷端补偿误差：≤±2.0 ℃。

③采样周期：0.5 s。

④控制周期：继电器输出与阀位控制时的控制周期为 2～120 s 可调，其他为 2 s。

⑤报警输出回差（不灵敏区）：0.5 或 5。

⑥继电器触点输出：AC250V/7A（阻性负载）或 AC250V/0.3A（感性负载）。

⑦驱动可控硅脉冲输出：幅度≥3 V，宽度≥50 μs 的过零或移相触发脉冲（共阴）。

⑧驱动固态继电器信号输出：驱动电流≥15 mA，电压≥9 V。

⑨连续 PID 调节模拟量输出：0～10 mA（负载 500±200 Ω），4～20 mA（负载 250±100 Ω），或 0～5 V（负载≥100 kΩ），1～5 V（负载≥100 kΩ）。

⑩电源：AC90~242 V(开关电源),50/60 Hz。

⑪工作环境：温度 0~50 ℃,相对湿度不大于 85%的无腐蚀性气体及无强电磁干扰的场所。

(3)调节器面板说明

面板由 PV 测量显示窗、SV 给定显示窗、4 个指示灯窗和 4 个按键组成,如图 7.7 所示。

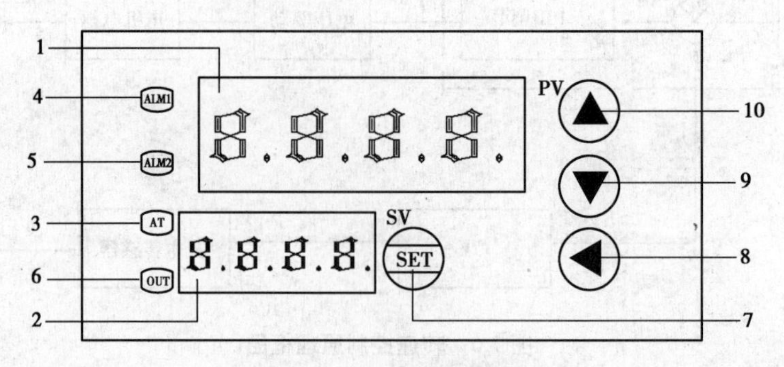

图 7.7 调节仪面板图

1—测量值显示窗;2—给定值显示窗;3—自整定灯;4—AL-1 动作时点亮对应的灯;5—手动指示灯(兼程序运行指示灯);6—调节控制输出指示灯;7—功能键;8—数据移位(兼手动/自动切换及参数设置进入);9—数据减少键(兼程序运行/暂停操作);10—数据增加键(兼程序复位操作)

(4)参数代码及符号(仪表根据设置只开放表中相对应的参数项)

表 7.2 参数代码及符号

序号	符号	名 称	说 明	取值范围	出厂值
0	SP	给定值		仪表量程	50.0
1	AL-1	第一报警	测量值大于 AL-1 值时,仪表将产生上限报警。测量值小于 ALM1(固定 0.5)值时,仪表将解除上限报警。	仪表量程	0.0
2	Pb	传感器误差修正	当测量传感器引起误差时,可以用此值修正。	0~±20.0	0.0
3	P	速率参数	P 值类似常规 PID 调节器的比例带,但变化相反,P 值越大,比例、微分的作用成正比增强,P 值越小,比例、微分的作用相应减弱,P 参数值与积分作用无关。 设置 P=0 仪表转为二位式控制。	1~9 999	100
4	I	保持参数	I 参数值主要决定调节算法中的积分作用,与常规 PID 算法中的积分时间类同,I 值越小,系统积分作用越强,I 值越大,积分作用越弱。设置 I=0 时,系统取消积分作用,仪表成为一个 PD 调节器。	0~3 000	500

续表

序号	符号	名　称	说　明	取值范围	出厂值
5	D	滞后时间	D 参数对控制的比例、积分、微分均起影响作用，D 越小，则比例和积分作用均成正比增强；反之，D 越大，则比例和积分作用均减弱，而微分作用相对增强。此外，D 还影响超调抑制功能的发挥，其设置对控制效果影响很大。	0~2 000 s	100 s
6	FILT	滤波系数	为仪表一阶滞后滤波系数，其值越大，抗瞬间干扰性能越强，但响应速度越滞后，对压力、流量控制其值应较小，对温度、液位控制应相对较大。	0~99	20
7	dp	小数点位置	当仪表为电压或电流输入时，其显示上限、显示下限、小数点位置及单位均可由厂家或用户自由设定，其中当 dp=0 时，小数点在个位不显示，当 dp=1~3 时，小数点依次在十位、百位、千位。 当仪表为热电偶或热电阻输入时，当 dp=0 时，小数点在个位不显示，当 dp=1 时，小数点在十位。	0~3	0 或 1 或按需求定
8	outH	输出上限	当仪表控制为电压或电流输出（如控制阀位时），仪表具有最小输出和最大输出限制功能。	outL~200	按需求定
9	outL	输出下限	同上。	0~outH	按需求定
10	AT	自整定状态	0：关闭；1：启动。	0~1	0
11	LOCK	密码锁	为 0 时，允许修改所有参数；为 1 时，只允许修改给定值（SP）；大于 1 时，禁止修改所有参数。	0~50	0
12	Sn	输入方式	Cu50　−50.0~150.0 ℃； Pt100（Pt1）　−199.9~200.0 ℃； Pt100（Pt2）　−199.9~600.0 ℃； K　−30.0~1 300 ℃； E　−30.0~700.0 ℃；　J　−30.0~900.0 ℃； T　−199.9~400.0 ℃；　S　−30~1 600 ℃； R　−30.0~1 700.0 ℃；　WR25　−30.0~2 300.0 ℃； N　−30.0~1 200.0 ℃； 0~50 mV；10~50 mV；0~5 V（0~10 mA）； 1~5 V（4~20 mA）；频率 f；转速 u。	分度号	按需求定
13	OP-A	主控输出方式	“0”无输出；“1”继电器输出；“2”固态继电器输出；“3”过零触发；“4”移相触发；“5”0~10 mA 或 0~5 V；“6”4~20 mA 或 1~5 V；“7”阀位控制。	0~7	
14	OP-B	副控输出方式	“0”无输出；“1”RS232 或 RS485 通讯信号。	0~4	

续表

序号	符号	名　称	说　明	取值范围	出厂值
15	ALP	报警方式	“0”无报警;“1”上限报警;“2”下限报警;“3”上下限报警;“4”正偏差报警;“5”负偏差报警;“6”正负偏差报警;“7”区间外报警;“8”区间内报警;“9”上上限报警;“10”下下限报警。	0~10	
16	COOL	正反控制选择	0:反向控制,如加热;1:正向控制,如制冷。	0~1	0
17	P-SH	显示上限	当仪表为热电偶或热电阻输入时，显示上限、显示下限决定了仪表的给定值、报警值的设置范围,但不影响显示范围。 当仪表为电压、电流输入时,其显示上限、显示下限决定了仪表的显示范围,其值和单位均可由厂家或用户自由决定。	P-SL~9 999	按需求定
18	P-SL	显示下限	同上。	-1 999~P-SH	按需求定
19	Addr	通信地址	仪表在集中控制系统中的编号。	0~63	1
20	bAud	通信波特率	1 200;2 400;4 800;9 600。		9 600

(5)**参数及状态设置方法**

1)第一设置区。上电后,按 SET 键约 3 s,仪表进入第一设置区,仪表将按参数代码1~20依次在上显示窗显示参数符号,下显示窗显示其参数值,此时分别按◀、▼、▲三键可调整参数值,长按▼或▲可快速加或减。调好后按 SET 键确认保存数据,转到下一参数继续调完为止。长按 SET 将快捷退出，也可按 SET+◀直接退出。如设置中途间隔 10 s 未操作,仪表将自动保存数据,退出设置状态。

仪表第 11 项参数 LOCK 为密码锁,为 0 时允许修改所有参数,为 1 时只允许修改第二设置区的给定值“SP”,大于 1 时禁止修改所有参数。用户禁止将此参数设置为大于 50，否则将有可能进入厂家测试状态。

2)第二设置区。上电后,按▲键约 3 s,仪表进入第二设置区,此时可按上述方法修改设定值“SP”。

3)手动调节:上电后,按◀键约 3 s 进入手动调整状态,下排第一字显示“H”,此时可设置输出功率的百分比；再按◀键约 3 s 退出手动调整状态。

当仪表控制对象为阀门时,手动值>50 为正转,否则为反转,输出的占空比固定为 100%。

4)在常规运行时,上显示窗显示测量值,下显示窗显示设定值 SV,按▼键,下显示窗能切换成显示主控输出值,此时第 1 数码管显示“F”,后三位显示 0~100 的输出值。

(6)**自整定方法**

仪表首次在系统上使用,或者环境发生变化,发现仪表控制性能变差,则需要对仪表的某些参数如 P、I、D 等数据进行整定,省去过去由人工逐渐摸索调整,且难以达到理想效果的烦琐工作,具体时间根据工况长短不一,以温度控制(反向)为例。方法如下:

设置好给定值后将自整定参数 AT 设置为 1,A—M 灯开始闪烁,仪表进入自整定状态,此时仪表为两位式控制方式。仪表经过 3 次振荡后,自动保存整定的 P、I、D 参数,A—M 灯熄灭,自整定过程全部结束。

注:①一旦自整定开启后,仪表将禁止改变设定值。

②仪表整定时中途断电,因仪表有记忆功能,下次上电会重新开始自整定。

③自整定中,如需要人为退出,将自整定参数 AT 设置为 0 即可退出,但整定结果无效。

④按正确方法整定出的参数适合大多数系统,但遇到极少数特殊情况控制不够理想时,可适当微调 P、I、D 的值。人工调节时,注意观察系统响应曲线,如果是短周期振荡(与自整定或位式控制时振荡周期相当或约长),可减小 P(优先),加大 I 及 D;如果是长周期振荡(数倍于位式控制时振荡周期),可加大 I(优先),加大 P、D;如果是无振荡而有静差,可减小 I(优先),加大 P;如果是最后能稳定控制但时间太长,可减小 D(优先),加大 P,减小 I。调试时还可采用逐试法,即将 P、I、D 参数之一增加或减少 30%~50%,如果控制效果变好,则继续增加或减少该参数,否则往反方向调整,直到效果满意为止。一般先修改 P,其次为 I,还不理想则最后修改 D 参数。修改这三项参数时, 应兼顾过冲与控制精度两项指标。

输出控制阀门时,因打开或关闭周期太长,如自整定结果不理想,则需在出厂值基础上人工修改 P、I、D 参数(一般在出厂值基础上加大 P,减小 I 及为了避免阀门频繁动作而应将 D 调得较小)。

(7)**通信**

1)接口规格

为与 PC 机或 PLC 编控仪联机以集中监测或控制仪表,仪表提供 232、485 两种数字通信接口,光电隔离。其中,采用 232 通信接口时,上位机只能接一台仪表,三线连接,传输距离约 15 m;采用 485 通信接口时,上位机需配一只 232-485 的转换器,最多能接 64 台仪表,二线连接,传输距离约 1 km。

2)通信协议

①通信波特率为 1 200、2 400、4 800、9 600 四档可调,数据格式为 1 个起始位、8 个数据位,2 个停止位,无校验位。

②上位机发读命令。

(地址代码+80H)+(地址代码+80H)+〔52H(读)〕+(要读的参数代码)+(00H)+(00H)+〔校验和(前六字节的和/80H 的余数)〕

③上位机发写命令。

(地址代码+80H)+(地址代码+80H)+〔57H(写)〕+(要写的参数代码)+(参数值高 8 位)+(参数值低 8 位)+〔校验和(前六字节的和/80H 的余数)〕

④仪表返回。

(测量值高 8 位)+(测量值低 8 位)+(参数值高 8 位)+(参数值低 8 位)+(输出值)+(仪表状态字节)+〔校验和(前六字节的和/80H 的余数)〕

⑤上位机对仪表写数据的程序段应按仪表的规格加入参数限幅功能,以防超范围的数据写入仪表,使其不能正常工作。

⑥上位机发读或写指令的间隔时间应大于或等于 0.3 s,太短仪表可能来不及应答。

⑦仪表未发送小数点信息,编上位机程序时应根据需要设置。

⑧测量值为 32767(7FFFH)表示 HH(超上量程),为 32512(7F00H)表示 LL(超下量程)。

⑨其他。

a.每帧数据均为 7 个字节,双字节均高位在前,低位在后。

b.仪表报警状态字节为:

0	0	0	0	0	0	AL-1	AL-2

位状态=1 为报警,位状态=0 为非报警

7.3.5 实验步骤

设置调节器转速控制参数:按图 7.8 示意接线。检查接线无误后,合上主机箱上的总电源开关;将控制对象开关拨到 F_{in}位置后再合上调节器电源开关。仪表上电后,仪表的上显示窗口(PV)显示随机数或 HH 或 LL;下显示窗口(SV)显示控制给定值(实验值)。按 SET 键并保持约 3 s,即进入参数设置状态。在参数设置状态下按 SET 键,仪表将按参数代码 1~20 依次在上显示窗显示参数符号,下显示窗显示其参数值,此时分别按◀、▼、▲三键可调整参数值,长按▼或▲可快速加或减,调好后按 SET 键确认保存数据,转到下一参数继续调完为止,长按 SET 将快捷退出,也可按 SET+◀直接退出。如设置中途间隔 10 s 未操作,仪表将自动保存数据,退出设置状态。

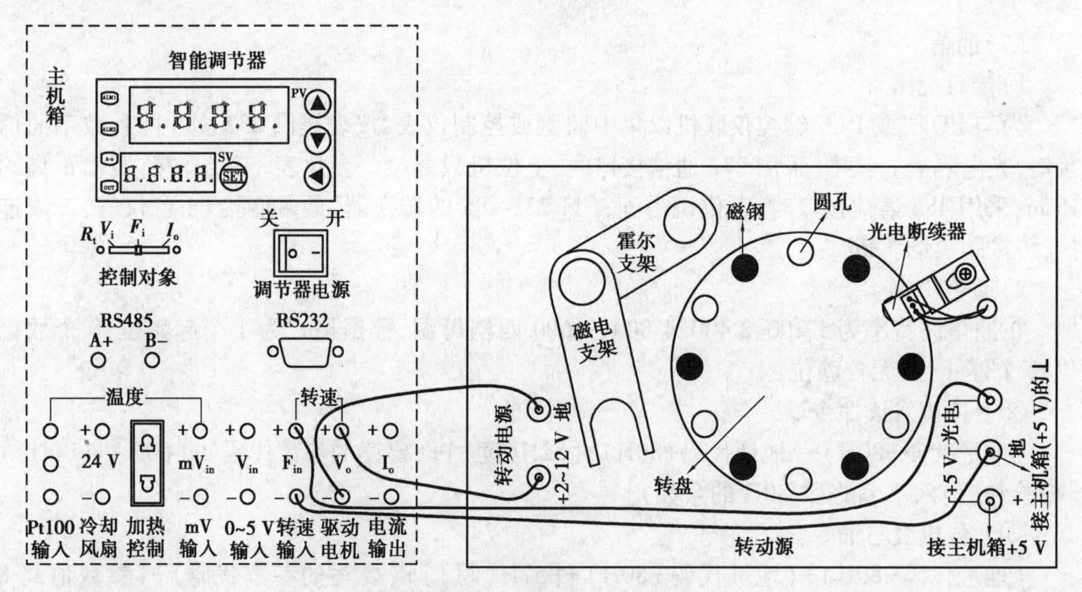

图 7.8 控制电机转速实验接线示意图

具体设置转速控制参数方法步骤如下:

①首先设置 Sn(输入方式):按住 SET 键保持约 3 s,仪表进入参数设置状态,PV 窗显示 AL-1(上限报警)。再按 SET 键 11 次,PV 窗显示 Sn(输入方式),按▼、▲键可调整参数,使 SV 窗显示 u。

②再按 SET 键,PV 窗显示 oP-A（主控输出方式）,按▼、▲键修改参数值,使 SV 窗显示 5。

③再按 SET 键,PV 窗显示 oP-b（副控输出方式）,按▼、▲键修改参数值,使 SV 窗显示 1。

④再按 SET 键,PV 窗显示 ALP（报警方式）,按▼、▲键修改参数值,使 SV 窗显示 1。

⑤再按 SET 键,PV 窗显示 CooL（正反控制选择）,按▼键,使 SV 窗显示 0。

⑥再按 SET 键,PV 窗显示 P-SH（显示上限）,长按▲键修改参数值,使 SV 窗显示 9999。

⑦再按 SET 键,PV 窗显示 P-SL（显示下限）,长按▼键修改参数值,使 SV 窗显示 0。

⑧再按 SET 键,PV 窗显示 Addr（通信地址）,按◀、▼、▲三键调整参数值,使 SV 窗显示 1。

⑨再按 SET 键,PV 窗显示 bAud（通信波特率）,按◀、▼、▲三键调整参数值,使 SV 窗显示 9600。

⑩长按 SET 键快捷退出,再按住 SET 键保持约 3 s,仪表进入参数设置状态,PV 窗显示 AL-1(上限报警);按◀、▼、▲三键可调整参数值,使 SV 窗显示 2500。

⑪再按 SET 键,PV 窗显示 Pb（传感器误差修正）,按▼、▲键可调整参数值,使 SV 窗显示 0。

⑫再按 SET 键,PV 窗显示 P（速率参数）,按◀、▼、▲键调整参数值,使 SV 窗显示 1。

⑬再按 SET 键,PV 窗显示 I（保持参数）,按◀、▼、▲三键调整参数值,使 SV 窗显示 950。

⑭再按 SET 键,PV 窗显示 d（滞后时间）,按◀、▼、▲键调整参数值,使 SV 窗显示 10。

⑮再按 SET 键,PV 窗显示 FILt（滤波系数）,按▼、▲、键可修改参数值,使 SV 窗显示 1。

⑯再按 SET 键,PV 窗显示 dp（小数点位置）,按▼、▲键修改参数值,使 SV 窗显 0。

⑰再按 SET 键,PV 窗显示 outH（输出上限）,按◀、▼、▲三键调整参数值,使 SV 窗显示 200。

⑱再按 SET 键,PV 窗显示 outL（输出下限）,长按▼键,使 SV 窗显示 0 后释放▼键。

⑲再按 SET 键,PV 窗显示 At（自整定状态）,按▼键,使 SV 窗显示 0。

⑳再按 SET 键,PV 窗显示 LOCK（密码锁）,按▼键,使 SV 窗显示 0。

㉑长按 SET 键快捷退出,转速控制参数设置完毕。

按▲键约 3 s,仪表进入“SP” 设定值(实验给定值)设置,此时可按上述方法按◀、▼、▲三键在 400~2 200 r/min 范围内任意设定实验给定值(SV 窗显示给定值,如 1 000 r/min),观察 PV 窗测量值的变化过程(最终在 SV 设定值调节波动)。做其他任意一个转速值控制实验时,需要重新设置“SP” 给定值(其他参数不要改变)。设置方法:按住▲键约 3 s,仪表进入“SP” 给定值(实验值)设置,此时可按◀、▼、▲三键修改给定值,使 SV 窗显示值为新做的转速控制实验值,进入控制电机转速过程,观察 PV 窗测量值的变化过程。

思考题

按 SET 键并保持约 3 s,即进入参数设置状态,只大范围改变控制参数 P 或 I 或 d 的其中之一设置值(注:其他任何参数的设置值不要改动),观察 PV 窗测量值的变化过程。这说明了什么问题? 实验完毕,关闭电源。

模块 8
温度传感器实验

实验 8.1* 温度源的温度调节控制实验

8.1.1 实验目的

了解温度控制的基本原理及熟悉温度源的温度调节过程，学会智能调节器和温度源的使用（要求熟练掌握），为以后的温度实验打下基础。

8.1.2 基本原理

当温度源的温度发生变化时，温度源中的 Pt100 热电阻（温度传感器）的阻值也发生变化，将电阻变化量作为温度的反馈信号输给智能调节仪，经智能调节仪的电阻—电压转换后与温度设定值比较，再进行数字 PID 运算输出可控硅触发信号（加热）或继电器触发信号（冷却），使温度源的温度趋近温度设定值。温度控制原理框图如图 8.1 所示。

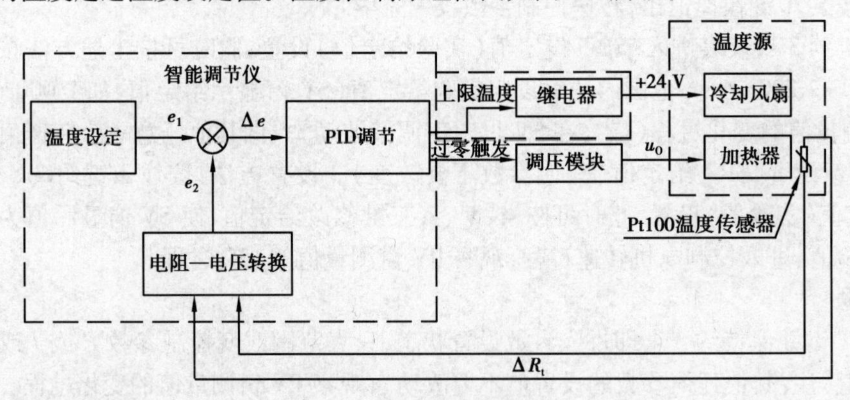

图 8.1 温度控制原理框图

8.1.3 需用器件与单元

主机箱中的智能调节器单元、转速调节 0~24 V 直流稳压电源；温度源、Pt100 温度传感器。

8.1.4　实验步骤

(1)温度源

温度源是一个小铁箱子,内部装有加热器和冷却风扇;加热器上有两个测温孔,加热器的电源引线与外壳插座(外壳背面装有保险丝座和加热电源插座)相连;冷却风扇电源为+24 V(或 12 V) DC,它的电源引线与外壳正面实验插孔相连。温度源外壳正面装有电源开关、指示灯和冷却风扇电源+24 V(12 V) DC 插孔;顶面有两个温度传感器的引入孔,它们与内部加热器的测温孔相对,其中一个为控制加热器加热的传感器 Pt100 的插孔,另一个是温度实验传感器的插孔;背面有保险丝座和加热器电源插座。使用时将电源开关打开(o 为关,-为开)。从安全性、经济性(有高的性价比)考虑,且不影响学生掌握原理的前提下,温度源设计温度≤160 ℃。

智能调节器的简介及面板按键说明参阅实验 7.3。

(2)设置调节器温度控制参数

在温度源的电源开关关闭(断开)的情况下,按图 8.2 示意接线。检查接线无误后,合上主机箱上的总电源开关;将主机箱中的转速调节旋钮(0~24 V)顺时针转到底,再将调节器的控制对象开关拨到 Rt.Vi 位置后再合上调节器电源开关。仪表上电后,仪表的上显示窗口(PV)显示随机数或 HH;下显示窗口(SV)显示控制给定值(实验值)。按 SET 键并保持约 3 s,即进入参数设置状态。在参数设置状态下按 SET 键,仪表将按参数代码 1~20 依次在上显示窗显示参数符号。下显示窗显示其参数值,此时分别按◀、▼、▲三键可调整参数值,长按▼或▲可快速加或减, 调好后按 SET 键确认保存数据,转到下一参数继续调完为止,长按 SET 将快捷退出, 也可按 SET+◀直接退出。如设置中途间隔 10 s 未操作,仪表将自动保存数据,退出设置状态。

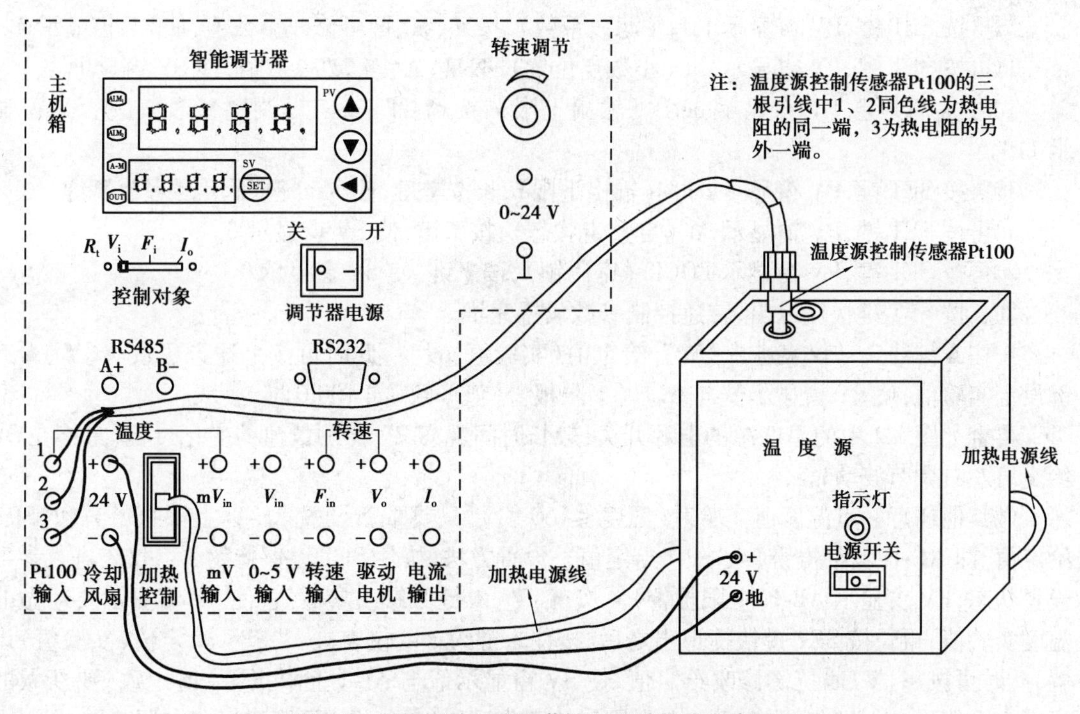

图 8.2　温度源的温度调节控制实验接线示意图

具体设置转速控制参数方法步骤如下：

①首先设置 Sn（输入方式）：按住 SET 键保持约 3 s，仪表进入参数设置状态，PV 窗显示 AL-1(上限报警)。再按 SET 键 11 次，PV 窗显示 Sn（输入方式），按▼、▲键可调整参数值，使 SV 窗显示 P_{t1}。

②再按 SET 键，PV 窗显示 oP-A（主控输出方式），按▼、▲键修改参数值，使 SV 窗显示 2。

③再按 SET 键，PV 窗显示 oP-b（副控输出方式），按▼、▲键修改参数值，使 SV 窗显示 1。

④再按 SET 键，PV 窗显示 ALP（报警方式），按▼、▲键修改参数值，使 SV 窗显示 1。

⑤再按 SET 键，PV 窗显示 CooL（正反控制选择），按▼键，使 SV 窗显示 0。

⑥再按 SET 键，PV 窗显示 P-SH（显示上限），长按▲键修改参数值，使 SV 窗显示 180。

⑦再按 SET 键，PV 窗显示 P-SL（显示下限），长按▼键修改参数值，使 SV 窗显示-1999。

⑧再按 SET 键，PV 窗显示 Addr（通信地址），按◄、▼、▲三键调整参数值，使 SV 窗显示 1。

⑨再按 SET 键，PV 窗显示 bAud（通信波特率），按◄、▼、▲三键调整参数值，使 SV 窗显示 9600。

⑩长按 SET 键快捷退出，再按住 SET 键保持约 3 s，仪表进入参数设置状态，PV 窗显示 AL-1(上限报警)；按◄、▼、▲三键可调整参数值，使 SV 窗显示实验给定值(如 100 ℃)。

⑪再按 SET 键，PV 窗显示 Pb（传感器误差修正），按▼、▲键可调整参数值，使 SV 窗显示 0。

⑫再按 SET 键，PV 窗显示 P（速率参数），按◄、▼、▲键调整参数值，使 SV 窗显示 280。

⑬再按 SET 键，PV 窗显示 I（保持参数），按◄、▼、▲三键调整参数值，使 SV 窗显示 380。

⑭再按 SET 键，PV 窗显示 d（滞后时间），按◄、▼、▲键调整参数值，使 SV 窗显示 70。

⑮再按 SET 键，PV 窗显示 FILt（滤波系数），按▼、▲、键可修改参数值，使 SV 窗显示 2。

⑯再按 SET 键，PV 窗显示 dp（小数点位置），按▼、▲键修改参数值，使 SV 窗显 1。

⑰再按 SET 键，PV 窗显示 outH（输出上限），按◄、▼、▲三键调整参数值，使 SV 窗显示 110。

⑱再按 SET 键，PV 窗显示 outL（输出下限），长按▼键，使 SV 窗显示 0 后释放▼键。

⑲再按 SET 键，PV 窗显示 At（自整定状态），按▼键，使 SV 窗显示 0。

⑳再按 SET 键，PV 窗显示 LOCK（密码锁），按▼键，使 SV 窗显示 0。

㉑长按 SET 键快捷退出，转速控制参数设置完毕。

按住▲键约 3 s，仪表进入"SP" 给定值(实验值)设置，此时可按上述方法按◄、▼、▲三键设定实验值，使 SV 窗显示值与 AL-1(上限报警)值一致(如 100.0 ℃)。

再合上图 8.2 中的温度源的电源开关，较长时间观察 PV 窗测量值的变化过程(最终在 SV 给定值左右调节波动)。

做其他任意一点温度值实验时(温度≤160 ℃)，只要重新设置 AL-1(上限报警) 和"SP" 给定值，即 AL-1(上限报警)="SP" 给定值。设置方法：按住 SET 键保持约 3 s，仪表进入参数设置状态，PV 窗显示 AL-1(上限报警)。按◄、▼、▲键可修改参数值，使 SV 窗显示要新做的温度实验值；再长按 SET 键快捷退出之后，按住▲键约 3 s，仪表进入"SP" 给定值(实验值)设置，此时可按◄、▼、▲三键修改给定值，使 SV 窗显示值与 AL-(上限报警)值一致(要新做的温度实验值)。较长时间观察 PV 窗测量值的变化过程(最终在 SV 给定值左右调节波动)。

思考题

大范围改变控制参数 P 或 I 或 D 的其中之一设置值(注:其他任何参数的设置值不要改动),观察 PV 窗测量值的变化过程(控制调节效果)。这说明了什么问题? 实验完毕,关闭电源。

实验 8.2　Pt100 铂电阻测温特性实验

8.2.1　实验目的

在实验 8.1 的基础上了解 Pt100 热电阻—电压转换方法及 Pt100 热电阻测温特性与应用。

8.2.2　基本原理

利用导体电阻随温度变化的特性,可以制成热电阻,要求其材料电阻温度系数大,稳定性好,电阻率高,电阻与温度之间最好有线性关系。常用的热电阻有铂电阻(500 ℃以内)和铜电阻(150 ℃以内)。铂电阻是将 0.05~0.07 mm 的铂丝绕在线圈骨架上封装在玻璃或陶瓷内构成,图 8.3 是铂热电阻的结构。

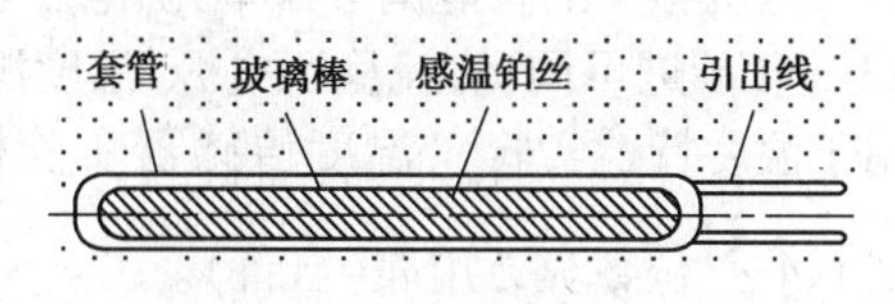

图 8.3　铂热电阻的结构

在 0~500 ℃以内,它的电阻 R_t 与温度 t 的关系为

$$R_t = R_0(1 + At + Bt^2)$$

式中,R_0 系温度为 0 ℃时的电阻值(本实验的铂电阻 $R_0 = 100\ \Omega$)。$A = 3.968\ 4\times10^{-3}/℃$,$B = -5.847\times10^{-7}/℃^2$。铂电阻一般是三线制,其中一端接一根引线,另一端接两根引线,主要为远距离测量消除引线电阻对桥臂的影响(近距离可用二线制,导线电阻忽略不计)。实际测量时,将铂电阻随温度变化的阻值通过电桥转换成电压的变化量输出,再经放大器放大后直接用电压表显示,如图 8.4 所示。

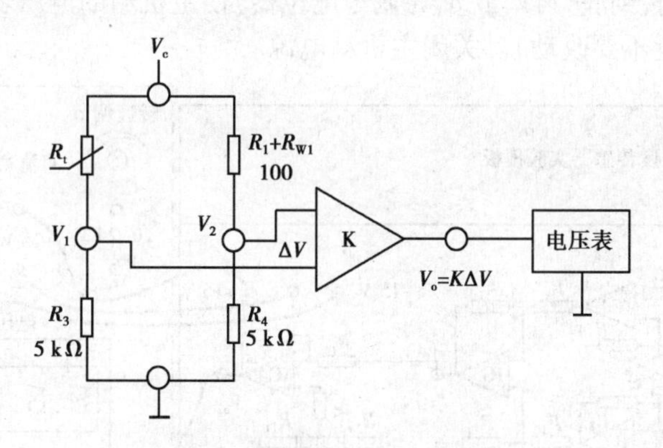

图 8.4　热电阻信号转换原理图

图中

$$\Delta V = V_1 - V_2;V_1 = [R_3/(R_3 + R_t)]V_C;V_2 = [R_4/(R_4 + R_1 + R_{W1})]V_C$$

$$\Delta V = V_1 - V_2 = \{[R_3/(R_3 + R_t)] - [R_4/(R_4 + R_1 + R_{W1})]\}\ V_C$$

所以

$$V_o = K\Delta V = K\{[R_3/(R_3 + R_t)] - [R_4/(R_4 + R_1 + R_{W1})]\}\ V_C$$

式中 R_t 随温度的变化而变化,其他参数都是常量,所以放大器的输出 V_o 与温度(R_t)有一一对应关系,通过测量 V_o 可计算出 R_t:

$$R_t = R_3[K(R_1 + R_{W1})V_C - (R_4 + R_1 + R_{W1})V_o]/[KV_CR_4 + (R_4 + R_1 + R_{W1})V_o]$$

Pt100 热电阻一般应用在冶金、化工行业及需要温度测量控制的设备上,适用于测量、控制<600 ℃的温度。本实验由于受到温度源及安全上的限制,所做的实验温度值<160 ℃。

8.2.3 需用器件与单元

主机箱中的智能调节器单元、电压表、转速调节 0~24 V 电源、±15 V 直流稳压电源、±2~±10 V(步进可调)直流稳压电源;温度源、Pt100 热电阻两支(一支用于温度源控制、另外一支用于温度特性实验)、温度传感器实验模板;压力传感器实验模板(作为直流 mV 信号发生器)、4 $\frac{1}{2}$ 位数显万用表(自备)。

图 8.5 中的温度传感器实验模板是由三运放组成的测量放大电路、ab 传感器符号、传感器信号转换电路(电桥)及放大器工作电源引入插孔构成;其中 R_{W1} 实验模板内部已调试好($R_{W1}+R_1=100\ \Omega$),面板上的 R_{W1} 已无效;R_{W2} 为放大器的增益电位器;R_{W3} 为放大器电平移动(调零)电位器;ab 传感器符号:< 接热电偶(K 热电偶或 E 热电偶);双圈符号接 AD590 集成温度传感器;R_t 接热电阻(Pt100 铂电阻或 Cu50 铜电阻)。具体接线参照具体实验。

8.2.4 实验步骤

①温度传感器实验模板放大器调零:按图 8.5 示意接线。将主机箱上的电压表量程切换开关打到 2 V 挡,检查接线无误后合上主机箱电源开关,调节温度传感器实验模板中的 R_{W2}(增益电位器)顺时针转到底,再调节 R_{W3}(调零电位器)使主机箱的电压表显示为 0(零位调好后 R_{W3} 电位器旋钮位置不要改动)。关闭主机箱电源。

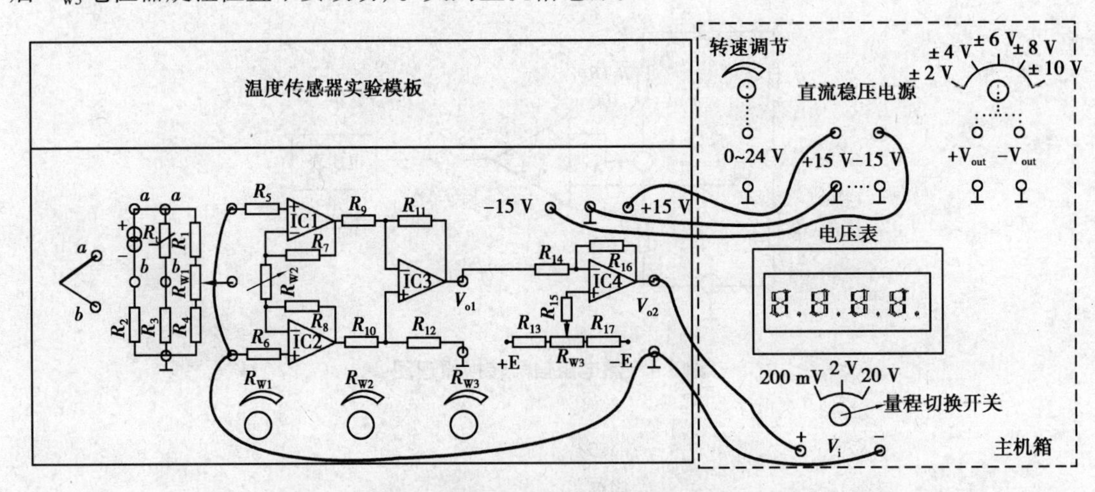

图 8.5 温度传感器实验模板放大器调零接线示意图

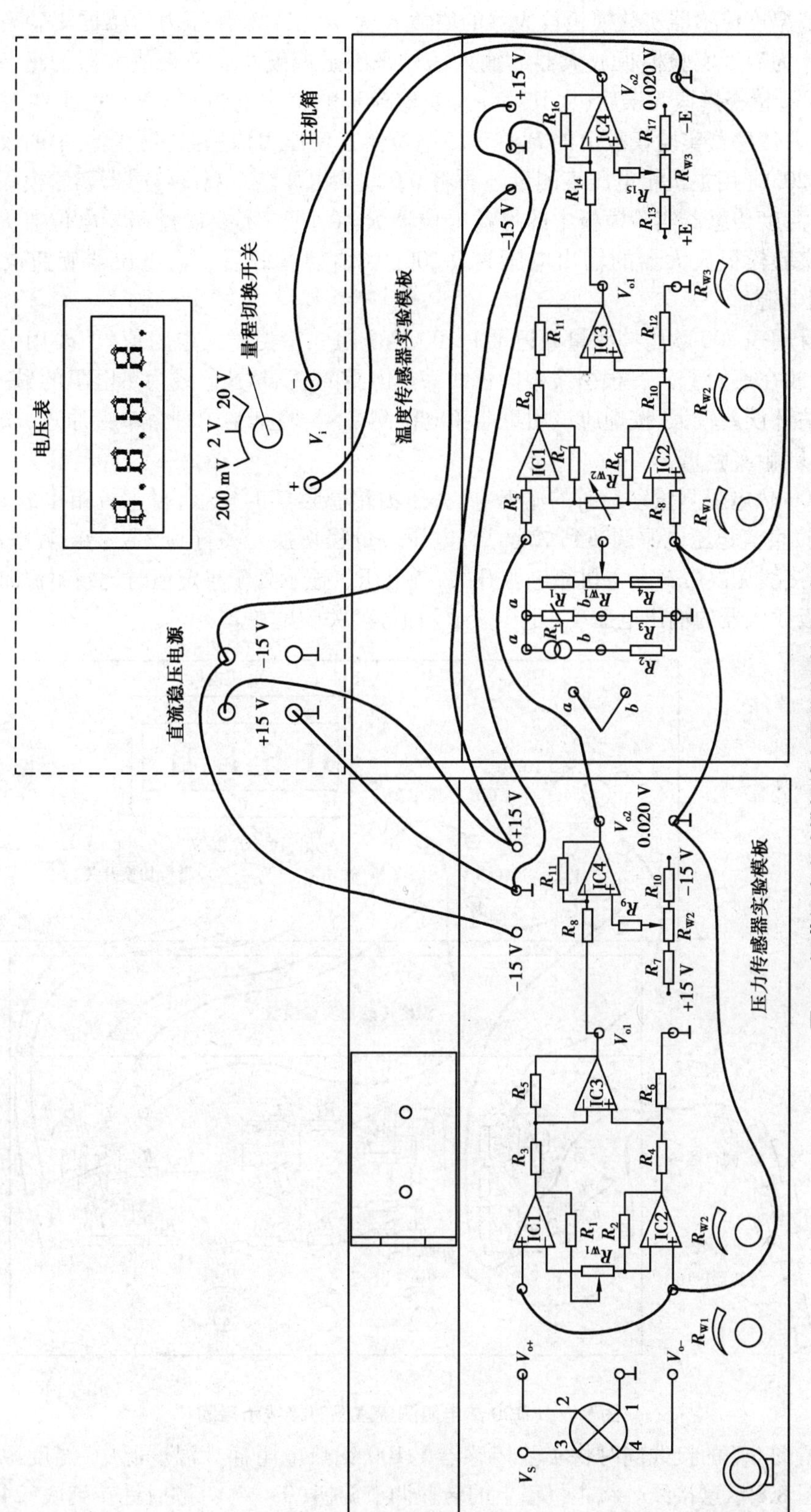

图8.6　调节温度实验模板放大器增益K接线示意图

②调节温度传感器实验模板放大器的增益 K 为 10 倍：利用压力传感器实验模板的零位偏移电压作为温度实验模板放大器的输入信号来确定温度实验模板放大器的增益 K。按图8.6示意接线，检查接线无误后（尤其要注意实验模板的工作电源±15 V），合上主机箱电源开关，调节压力传感器实验模板上的 R_{W2}（调零电位器），使压力传感器实验模板中的放大器输出电压为 0.020 V（用主机箱电压表测量）；再将 0.020 V 电压输入温度传感器实验模板的放大器中，再调节温度传感器实验模板中的增益电位器 R_{W2}（小心：不要误碰调零电位器 R_{W3}），使温度传感器实验模板放大器的输出电压为 0.200 V（增益调好后，R_{W2} 电位器旋钮位置不要改动）。关闭电源。

③用万用表 200 欧姆挡测量并记录 Pt100 热电阻在室温时的电阻值（不要用手抓捏传感器测温端，放在桌面上），三根引线中同色线为热电阻的一端，异色线为热电阻的另一端（用万用表油量估计误差较大，按理应该用惠斯顿电桥测量，实验是为了理解掌握原理，误差稍大点无所谓，不影响实验）。

④Pt100 热电阻测量室温时的输出：撤去压力传感器实验模板，将主机箱中的±2～±10 V（步进可调）直流稳压电源调节到±2 V 挡；电压表量程切换开关打到 2 V 挡。再按图8.7示意接线，检查接线无误后合上主机箱电源开关，待电压表显示处于稳定值时记录室温时温度传感器实验模板放大器的输出电压 V_o（电压表显示值）。关闭电源。

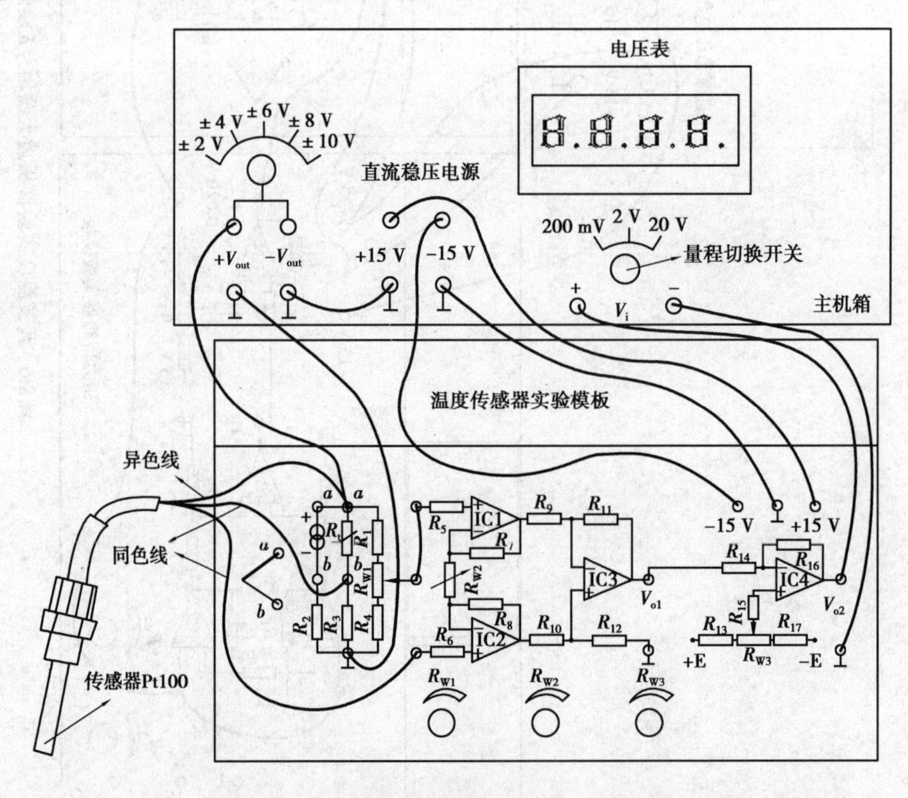

图 8.7　Pt100 热电阻测量室温时接线示意图

⑤保留图 8.7 的接线同时将实验传感器 Pt100 铂热电阻插入温度源中，温度源的温度控制接线按图 8.8 示意接线。将主机箱上的转速调节旋钮（0～24 V）顺时针转到底（24 V），将调节器控制对象开关拨到 R_t、V_i 位置。检查接线无误后合上主机箱电源，再合上调节器电源开关

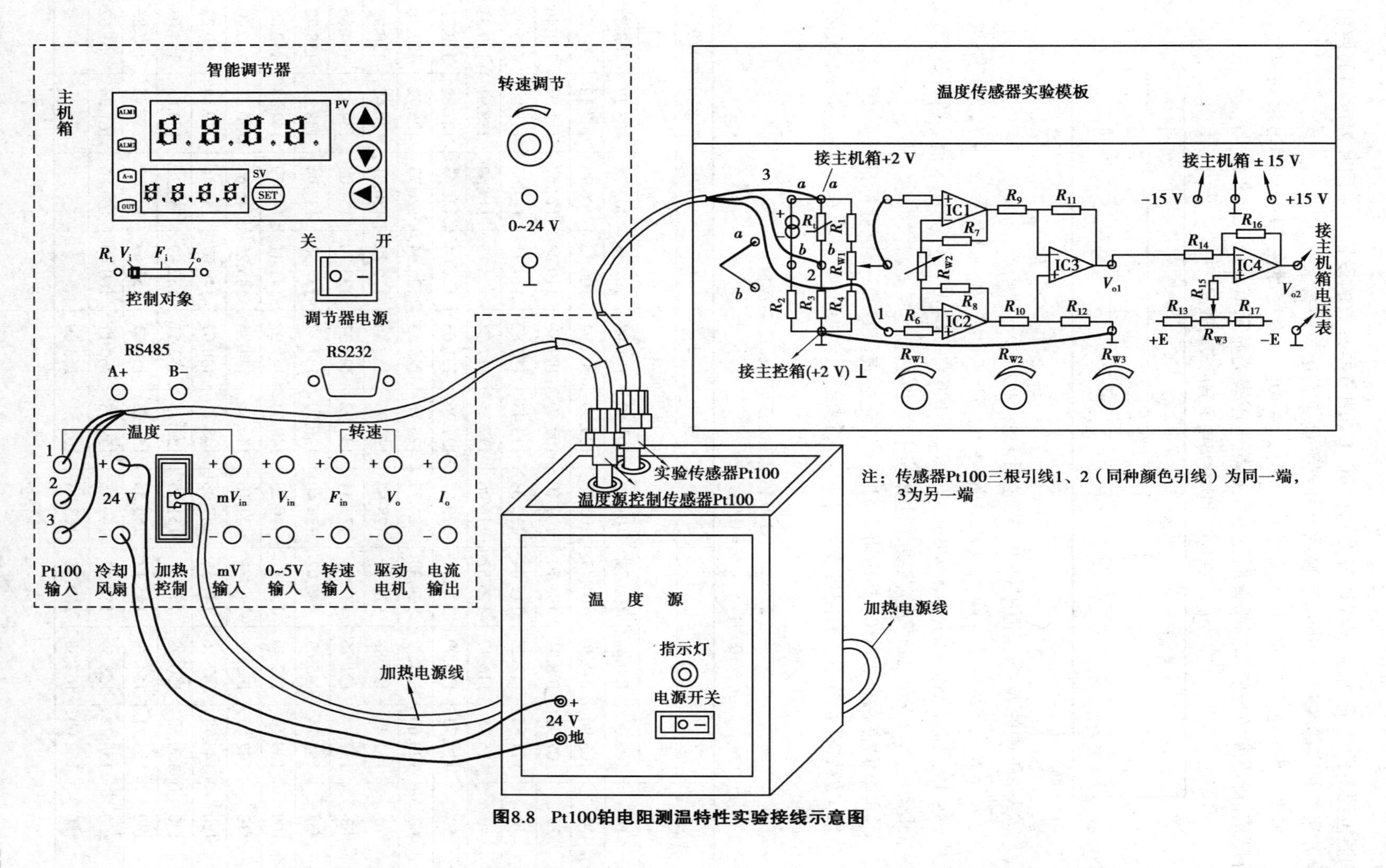

图8.8　Pt100铂电阻测温特性实验接线示意图

和温度源电源开关，将温度源调节控制在 40 ℃（调节器参数的设置及使用和温度源的使用实验方法参阅实验 8.1），待电压表显示上升到平衡点时记录数据。

⑥温度源的温度在 40 ℃的基础上，可按 $\Delta t=10$ ℃（温度源在 40～160 ℃）增加温度设定温度值，待温度源温度动态平衡时读取主机箱电压表的显示值并填入表 8.1。

表 8.1　Pt100 热电阻测温实验数据

t/℃	室温	40	45		……				160
V_o/v					……				
R_t/Ω					……				

⑦表 8.1 中的 R_t 数据值根据 V_o、V_c 值计算：

$$R_t = R_3[K(R_1+R_{W1})V_C-(R_4+R_1+R_{W1})V_o]/[KV_CR_4+(R_4+R_1+R_{W1})V_o]$$

式中，$K=10$；$R_3=5\ 000\ \Omega$；$R_4=5\ 000\ \Omega$；$R_1+R_{W1}=100\ \Omega$；$V_C=4$ V；V_o 为测量值。将计算值填入表中，画出 t(℃)—R_t(Ω)实验曲线并计算其非线性误差。

⑧再根据表 8.2 的 Pt100 热电阻与温度 t 的对应表（Pt100—t 国际标准分度值表）对照实验结果。最后将调节器实验温度设置到 40 ℃，待温度源回到 40 ℃左右后实验结束。关闭所有电源。

表 8.2　Pt100 铂电阻分度表（t—R_t 对应值）

分度号：Pt100　　$R_0=100\ \Omega$　　$\alpha=0.003\ 910$

温度/℃	0	1	2	3	4	5	6	7	8	9
	电阻值/Ω									
0	100.00	100.40	100.79	101.19	101.59	101.98	102.38	102.78	103.17	103.57
10	103.96	104.36	104.75	105.15	105.54	105.94	106.33	106.73	107.12	107.52
20	107.91	108.31	108.70	109.10	109.49	109.88	110.28	110.67	111.07	111.46
30	111.85	112.25	112.64	113.03	113.43	113.82	114.21	114.60	115.00	115.39
40	115.78	116.17	116.57	116.96	117.35	117.74	118.13	118.52	118.91	119.31
50	119.70	120.09	120.48	120.87	121.26	121.65	122.04	122.43	122.82	123.21
60	123.60	123.99	124.38	124.77	125.16	125.55	125.94	126.33	126.72	127.10
70	127.49	127.88	128.27	128.66	129.05	129.44	129.82	130.21	130.60	130.99
80	131.37	131.76	132.15	132.54	132.92	133.31	133.70	134.08	134.47	134.86
90	135.24	135.63	136.02	136.40	136.79	137.17	137.56	137.94	138.33	138.72
100	139.10	139.49	139.87	140.26	140.64	141.02	141.41	141.79	142.18	142.66
110	142.95	143.33	143.71	144.10	144.48	144.86	145.25	145.63	146.10	146.40
120	146.78	147.16	147.55	147.93	148.31	148.69	149.07	149.46	149.84	150.22
130	150.60	150.98	151.37	151.75	152.13	152.51	152.89	153.27	153.65	154.03
140	154.41	154.79	155.17	155.55	155.93	156.31	156.69	157.07	157.45	157.83
150	158.21	158.59	158.97	159.35	159.73	160.11	160.49	160.86	161.24	161.62
160	162.00	162.38	162.76	163.13	163.51	163.89				

思考题

实验误差有哪些因素造成？请验证一下：R_t 计算公式中的 R_3、R_4、R_1+R_{W1}（它们的阻值在不接线的情况下用 $4\frac{1}{2}$ 位数显万用表测量）、V_C 用实际测量值代入计算是否会减小误差？

实验 8.3　K 热电偶测温性能实验

8.3.1　实验目的

了解热电偶测温原理及方法和应用。

8.3.2　基本原理

1821 年，德国物理学家赛贝克（T・J・Seebeck）发现和证明了两种不同材料的导体 A 和 B 组成的闭合回路，当两个结点温度不相同时，回路中将产生电动势。这种物理现象称为热电效应（塞贝克效应）。

热电偶测温原理是利用热电效应。如图 8.9 所示，热电偶就是将 A 和 B 两种不同金属材料的一端焊接而成。A 和 B 称为热电极，焊接的一端是接触热场的 T 端称为工作端或测量端，也称热端；未焊接的一端处在温度 T_0 称为自由端或参考端，也称冷端（用来连接测量仪表的两根导线 C 是同样的材料，可以与 A 和 B 不同种材料）。T 与 T_0 的温差愈大，热电偶的输出电动势愈大；温差为 0 时，热电偶的输出电动势为 0。因此，可以用测热电动势大小衡量温度的大小。国际上，将热电偶的 A、B 热电极材料不同分成若干分度号，如常用的 K（镍铬-镍硅或镍铝）、E（镍铬-康铜）、T（铜-康铜）等，并且有相应的分度表即参考端温度为 0 ℃时的测量端温度与热电动势的对应关系表；可以通过测量热电偶输出的热电动势值再查分度表得到相应的温度值。热电偶一般应用在冶金、化工和炼油行业，用于测量、控制较高的温度。

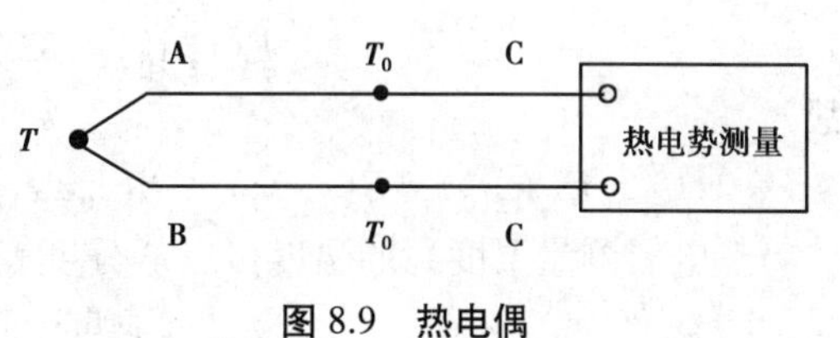

图 8.9　热电偶

8.3.3　需用器件与单元

主机箱中的智能调节器单元、电压表、转速调节 0~24 V 电源、±15 V 直流稳压电源；温度源、Pt100 热电阻（温度控制传感器）、K 热电偶（温度特性实验传感器）、温度传感器实验模板；压力传感器实验模板（作为直流 mV 信号发生器）。

8.3.4　实验步骤

热电偶由 A、B 热电极材料及直径（偶丝直径）决定其测温范围，如 K（镍铬-镍硅或镍铝）热电偶，偶丝直径 3.2 mm 时测温范围为 0~1 200 ℃。本实验用的 K 热电偶偶丝直径为 0.5 mm，测温范围为 0~800 ℃；E（镍铬-康铜），偶丝直径 3.2 mm 时测温范围-200~+750 ℃，实验用的 E 热电偶偶丝直径为 0.5 mm，测温范围为-200~+350 ℃。由于温度源温度<200 ℃，所以，所有

热电偶实际测温实验范围<180 ℃。

从热电偶的测温原理可知，热电偶测量的是测量端与参考端之间的温度差，必须保证参考端温度为 0 ℃时才能正确测量测量端的温度，否则存在着参考端所处环境的温度值误差。

热电偶的分度表(见表 8.3)是定义在热电偶的参考端(冷端)为 0 ℃时热电偶输出的热电动势与热电偶测量端(热端)温度值的对应关系。热电偶测温时要对参考端(冷端)进行修正(补偿)，计算公式：

$$E(t,t_0)=E(t,t_0')+E(t_0',t_0)$$

式中 $E(t,t_0)$——热电偶测量端温度为 t，参考端温度为 $t_0=0$ ℃时的热电势值；

$E(t,t_0')$——热电偶测量端温度为 t，参考端温度为 t_0'不等于 0 ℃时的热电势值；

$E(t_0',t_0)$——热电偶测量端温度为 t_0'，参考端温度为 $t_0=0$ ℃时的热电势值。

例：用一支分度号为 K(镍铬-镍硅)热电偶测量温度源的温度，工作时的参考端温度(室温) $t_0'=20$ ℃，而测得热电偶输出的热电势(经过放大器放大的信号，假设放大器的增益 $A=10$)为 32.7 mV，则 $E(t,\ t_0')=32.7\ \text{mV}/10=3.27\ \text{mV}$，那么热电偶测得温度源的温度是多少呢?

解 由表 8.3 查得：

$$E(t_0',\ t_0)=E(20,0)=0.798\ \text{mV}$$

已测得

$$E(t,\ t_0')=32.7\ \text{mV}/10=3.27\ \text{mV}$$

故

$$E(t,\ t_0)=E(t,\ t_0')+E(t_0',\ t_0)=3.27\ \text{mV}+0.798\ \text{mV}=4.068\ \text{mV}$$

热电偶测量温度源的温度可以从分度表中查出，与 4.068 mV 所对应的温度是 100 ℃。

表 8.3 K 热电偶分度表

分度号:K （参考端温度为 0 ℃）

测量端温度/℃	0	1	2	3	4	5	6	7	8	9
	热电动势/mV									
0	0.000	0.039	0.079	0.119	0.158	0.198	0.238	0.277	0.317	0.357
10	0.397	0.437	0.477	0.517	0.557	0.597	0.637	0.677	0.718	0.758
20	0.798	0.838	0.879	0.919	0.960	1.000	1.041	1.081	1.122	1.162
30	1.203	1.244	1.285	1.325	1.366	1.407	1.448	1.489	1.529	1.570
40	1.611	1.652	1.693	1.734	1.776	1.817	1.858	1.899	1.949	1.981
50	2.022	2.064	2.105	2.146	2.188	2.229	2.270	2.312	2.353	2.394
60	2.436	2.477	2.519	2.560	2.601	2.643	2.684	2.726	2.767	2.809
70	2.850	2.892	2.933	2.975	3.016	3.058	3.100	3.141	3.183	3.224
80	3.266	3.307	3.349	3.390	3.432	3.473	3.515	3.556	3.598	3.639
90	3.681	3.722	3.764	3.805	3.847	3.888	3.930	3.971	4.012	4.054
100	4.095	4.137	4.178	4.219	4.261	4.302	4.343	4.384	4.426	4.467

续表

测量端温度/℃	0	1	2	3	4	5	6	7	8	9
	热电动势/mV									
110	4.508	4.549	4.590	4.632	4.673	4.714	4.755	4.796	4.837	4.878
120	4.919	4.960	5.001	5.042	5.083	5.124	5.164	5.205	5.246	5.287
130	5.327	5.368	5.409	5.450	5.490	5.531	5.571	5.612	5.652	5.693
140	5.733	5.774	5.814	5.855	5.895	5.936	5.976	6.016	6.057	6.097
150	6.137	6.177	6.218	6.258	6.298	6.338	6.378	6.419	6.459	6.499
160	6.539	6.579	6.619	6.659	6.699	6.739	6.779	6.819	6.859	6.899
170	6.939	6.979	7.019	7.059	7.099	7.139	7.179	7.219	7.259	7.299
180	7.338									

①温度传感器实验模板放大器调零。按图 8.10 示意接线，将主机箱上的电压表量程切换开关打到 2 V 挡，检查接线无误后合上主机箱电源开关，调节温度传感器实验模板中的 R_{W2}（增益电位器）顺时针转到底，再调节 R_{W3}（调零电位器）使主机箱的电压表显示为 0（零位调好后，R_{W3} 电位器旋钮位置不要改动）。关闭主机箱电源。

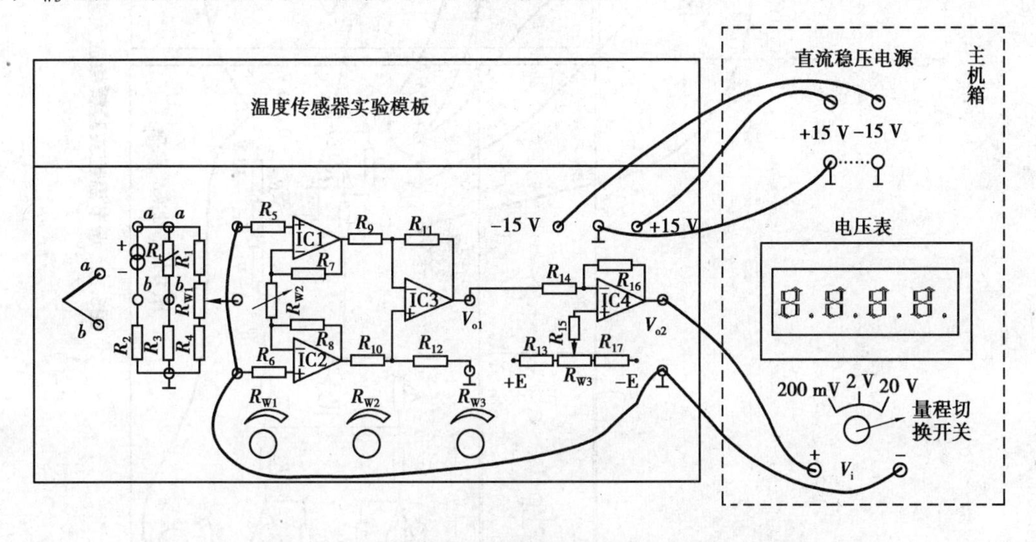

图 8.10　温度传感器实验模板放大器调零接线示意图

②调节温度传感器实验模板放大器的增益 A 为 100 倍。利用压力传感器实验模板的零位偏移电压作为温度实验模板放大器的输入信号来确定温度实验模板放大器的增益 A。按图 8.11示意接线，检查接线无误后合上主机箱电源开关，调节压力传感器实验模板上的 R_{W2}（调零电位器），使压力传感器实验模板中的放大器输出电压为 0.010 V（用主机箱电压表测量）；再将 0.010 V 电压输入温度传感器实验模板的放大器中，再调节温度传感器实验模板中的增益电位器 R_{W2}（小心：不要误碰调零电位器 R_{W3}），使温度传感器实验模板放大器的输出电压为 1.000 V（增益调好后，R_{W2} 电位器旋钮位置不要改动）。关闭电源。

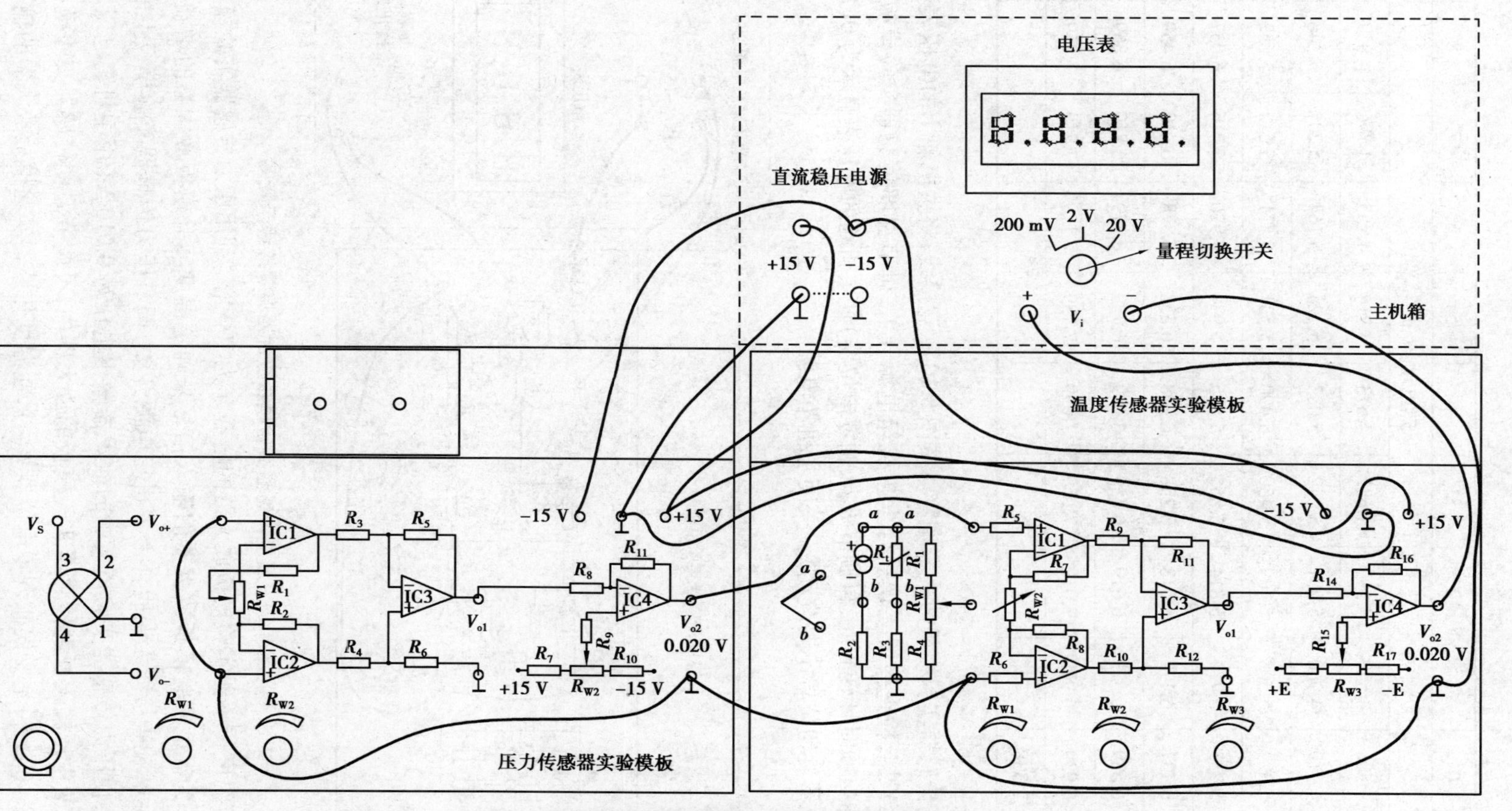

图8.11 调节温度实验模板放大器增益A接线示意图

③测量室温值 t_0'。按图 8.12 接线(不要用手抓捏 Pt100 热电阻测温端),Pt100 热电阻放在桌面上。检查接线无误后,将调节器的控制对象开关拨到 $R_t.V_i$ 位置后再合上主机箱电源开关和调节器电源开关。稍待一分钟左右,记录下调节器 PV 窗显示的室温值(上排数码管显示值)为 t_0',关闭调节器电源和主机箱电源开关。将 Pt100 热电阻插入温度源中。

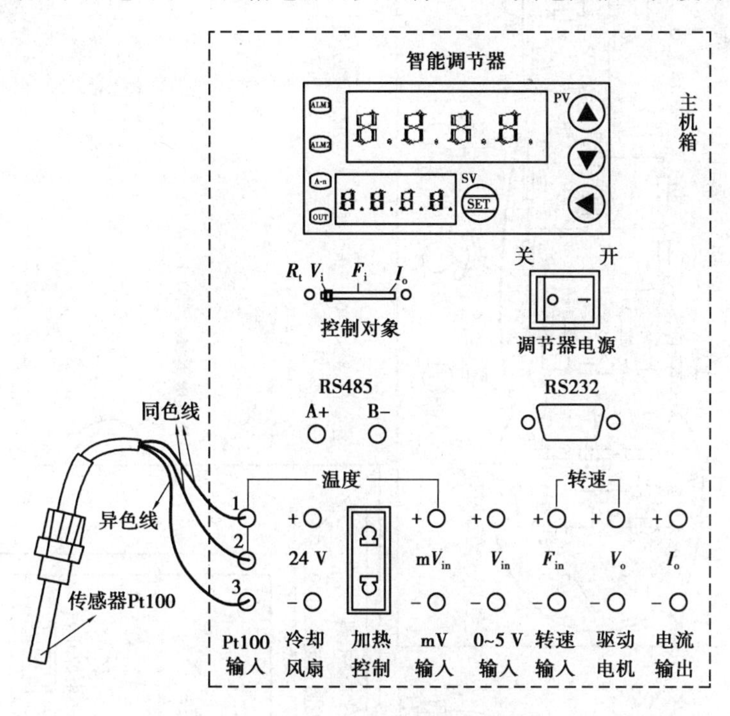

图 8.12　室温测量接线示意图

④热电偶测室温(无温差)时的输出。按图 8.13 接线(不要用手抓捏 K 热电偶测温端),热电偶放在桌面上。主机箱电压表的量程切换开关切换到 200 mV 挡,检查接线无误后,合上主机箱电源开关,稍待一分钟左右,记录电压表表显示值 V_o,计算 $V_o \div 100$,再查表 8.2 得 $\Delta t \approx$ 0 ℃(无温差输出为 0)。

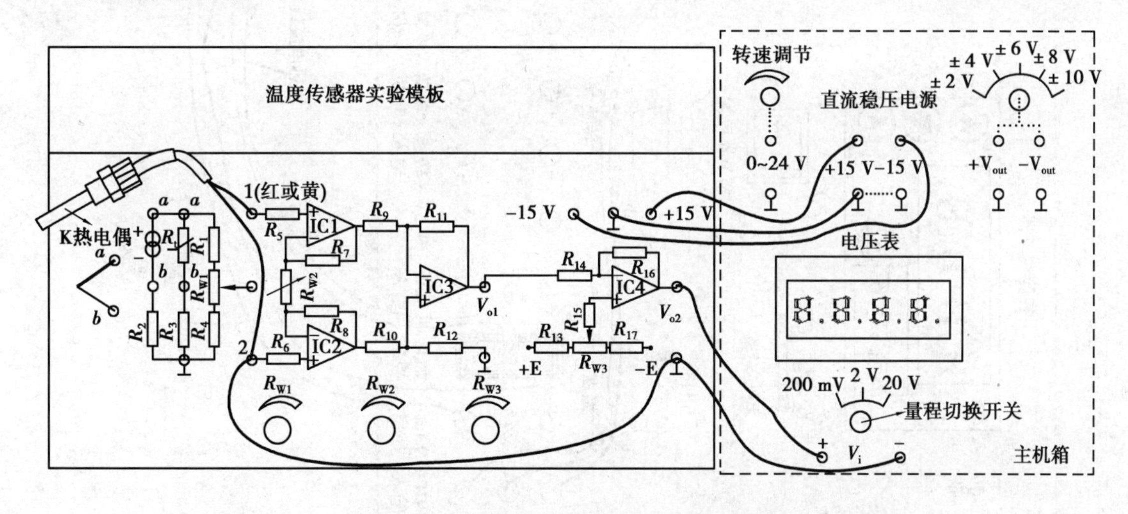

图 8.13　热电偶测无温差时实验接线示意图

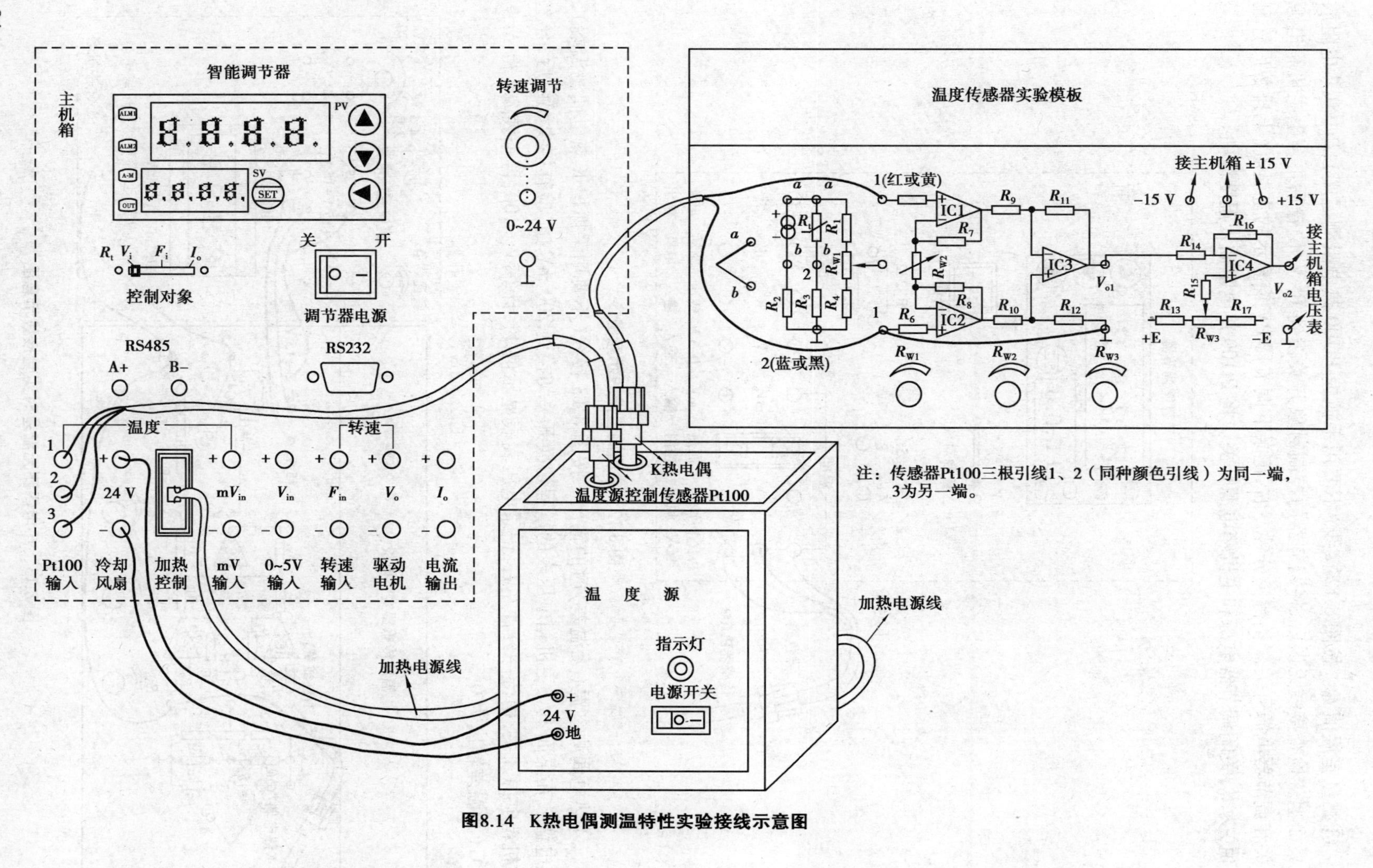

图8.14　K热电偶测温特性实验接线示意图

⑤用电平移动法进行冷端温度补偿(实验步骤③中记录下的室温值是工作时的参考端温度,即为热电偶冷端温度 t_0';根据热电偶冷端温度 t_0' 查表8.3得到 $E(t_0',t_0)$,再根据 $E(t_0',t_0)$ 进行冷端温度补偿):将图8.14中的电压表量程切换开关切换到2 V挡,调节温度传感器实验模板中的 R_{W3}(电平移动),使电压表显示 $V_o=E(t_0',t_0)\times A=E(t_0',t_0)\times 100$。冷端温度补偿调节好后不要再改变 R_{W3} 的位置,关闭主机箱电源开关,将热电偶插入温度源中。

⑥热电偶测温特性实验。温度源的控制按图8.14示意接线,将主机箱上的转速调节旋钮(0~24 V)顺时针转到底(24 V);将调节器控制对象开关拨到 $R_t.V_i$ 位置。检查接线无误后合上主机箱电源开关,再合上调节器电源开关和温度源电源开关,将温度源调节控制在40 ℃(调节器参数的设置及使用和温度源的使用实验方法参阅实验8.1 *),待电压表显示上升到平衡点时记录数据。再按表8.2中的数据设置温度源的温度并将放大器的相应输出值填入表中。

表8.4　K热电偶热电势(经过放大器放大 $A=100$ 倍后的热电势)与温度数据

t/℃	室温	40	50	…	160
V_o/mV)					

⑦由 $E(t,t_0)=E(t,t_0')+E(t_0',t_0)=V_o/A$ 计算得到 $E(t,t_0)$,再根据 $E(t,t_0)$ 的值从表8.3中可以查到相应的温度值并与实验给定温度值对照(注:热电偶一般应用于测量比较高的温度,不能只看绝对误差。如绝对误差为8 ℃,但它的相对误差即精度 $\Delta\%=\frac{8}{800}\times 100\%=1\%$)。最后将调节器实验温度设置到40 ℃,待温度恢复到40 ℃左右后关闭所有电源。

实验8.4　K热电偶冷端温度补偿实验

8.4.1　实验目的

了解热电偶冷端温度补偿器的原理与补偿方法。

8.4.2　基本原理

热电偶测温时,它的冷端往往处于温度变化的环境中,而它测量的是热端与冷端之间的温度差,由此要进行冷端补偿。热电偶冷端温度补偿的常用方法有:计算法、冰水法(0 ℃)、恒温槽法和电桥自动补偿法等。实际检测时是在热电偶和放大电路之间接入一个其中一个桥臂是PN结二极管(或Cu电阻)组成的直流电桥,如图8.15所示。这个直流电桥称冷端温度补偿器,电桥在0 ℃时达到平衡(亦有20 ℃平衡)。当热电偶冷端温度升高时(>0 ℃),热电偶回路电势 U_{ab} 下降。由于补偿器中PN结呈负温度系数,其正向压降随温度升高而下降,促使2端电位上升,其值正好补偿热电偶因自由端温度升高而降低的电势(不同分度号的热电偶配相应分度号的热电偶),使 V_i 不变达到补偿目的。

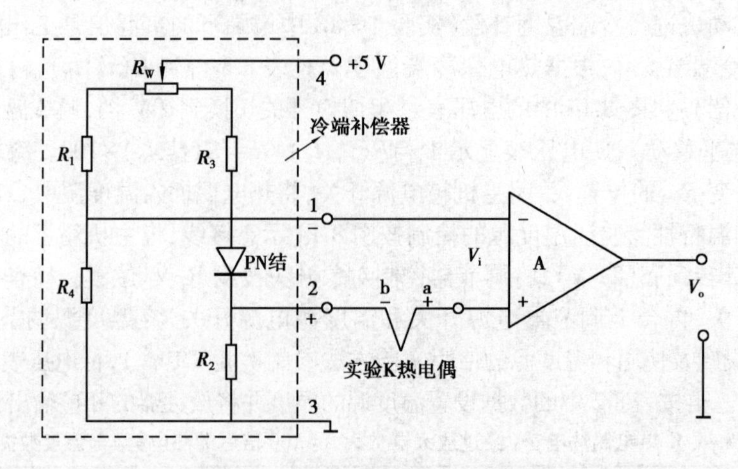

图 8.15　热电偶冷端温度补偿器原理

8.4.3　需用器件与单元

主机箱主机箱中的智能调节器单元、电压表、转速调节 0~24 V 电源、±15 V 直流稳压电源;温度源、Pt100 热电阻(温度控制传感器)、K 热电偶(温度特性实验传感器)、温度传感器实验模板;压力传感器实验模板(作为直流 mV 信号发生器)、冷端温度补偿器、补偿器专用+5 V 直流稳压电源。

8.4.4　实验步骤

热电偶冷端温度补偿器是用来自动补偿热电偶测量值因冷端温度变化而变化的一种装置。冷端温度补偿器实质上就是产生一个直流信号的毫伏发生器(冷端温度与 0 ℃之间的温差热电势),当它串接在热电偶测量线路中测量时,就可以使读数得到自动补偿。冷端补偿器的直流信号应随冷端温度的变化而变化,并且要求补偿器在补偿的温度范围内,直流信号和冷端温度的关系应与配用的热电偶之热电特性一致,即不同分度号的热电偶配相应的冷端补偿器。

本实验为 K 分度热电偶。冷端补偿器外形为一个小方盒,有 4 个引线端子,4、3 接+5 V 专用电源,2、1 输出补偿热电势信号;它的内部是一个不平衡电桥,图 8.15 中的虚线框所示,图中 R_W 可调节热电偶冷端温度起始时的热电势值,利用二极管的 PN 结特性自动补偿冷端温度的变化。

①温度传感器实验模板放大器调零。按图 8.16 示意接线,将主机箱上的电压表量程切换开关打到 2 V 挡,检查接线无误后合上主机箱电源开关,调节温度传感器实验模板中的 R_{W2}(增益电位器)顺时针转到底,再调节 R_{W3}(调零电位器)使主机箱的电压表显示为 0(零位调好后,R_{W3}电位器旋钮位置不要改动)。关闭主机箱电源。

②调节温度传感器实验模板放大器的增益 A 为 100 倍。利用压力传感器实验模板的零位偏移电压作为温度实验模板放大器的输入信号来确定温度实验模板放大器的增益 A。按图 8.17示意接线,检查接线无误后合上主机箱电源开关,调节压力传感器实验模板上的 R_{W2}(调

零电位器)，使压力传感器实验模板中的放大器输出电压为 0.010 V(用主机箱电压表测量)；再将 0.010 V 电压输入温度传感器实验模板的放大器中，再调节温度传感器实验模板中的增益电位器 R_{W2}(小心：不要误碰调零电位器 R_{W3})，使温度传感器实验模板放大器的输出电压为 1.000 V(增益调好后，R_{W2} 电位器旋钮位置不要改动)。关闭电源。

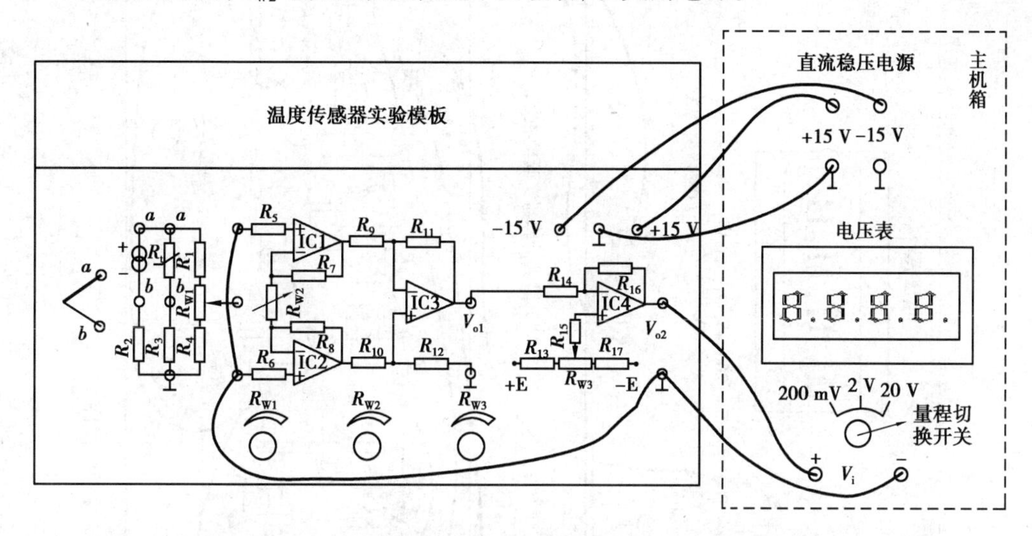

图 8.16　温度传感器实验模板放大器调零接线示意图

③将主机箱上的转速调节旋钮(0~24 V)顺时针转到底(24 V)，将调节器控制对象开关拨到 $R_t.V_i$ 位置。将冷端补偿器的专用电源插头插到主机箱侧面的交流 220 V 插座上。按图 8.18 示意接线，检查接线无误后合上主机箱电源开关，再合上调节器电源开关和温度源电源开关，将温度源调节控制在 40 ℃(调节器参数的设置及使用和温度源的使用实验方法参阅实验 8.1)，待电压表显示上升到平衡点时记录数据。再按表 8.5 中温度值设置温度源的温度并将放大器的相应输出值填入表中。

表 8.5　K 热电偶热电势(经过放大器放大 $A=100$ 倍后的热电势)与温度数据

t/℃	室温	40	50	…	160
V_o/mV)					

④由 $E(t,t_0)=E(t,t_0')+E(t_0', t_0)= V_o/A$ 计算得到 $E(t,t_0)$，再根据 $E(t,t_0)$ 的值从表 8.3 中可以查到相应的温度值并与实验给定温度值对照，计算误差。最后将调节器实验温度设置到 40 ℃，待温度源回复到 40 ℃左右后关闭所有电源。

注：热电偶一般应用于测量比较高的温度，不能只看绝对误差。如绝对误差为 8 ℃，但它的相对误差即精度 $\Delta\% = \frac{8}{800} \times 100\% = 1\%$)。

思考题

实验 8.3 与实验 8.4 有什么差别？实际应用时选择哪一种方法为好？

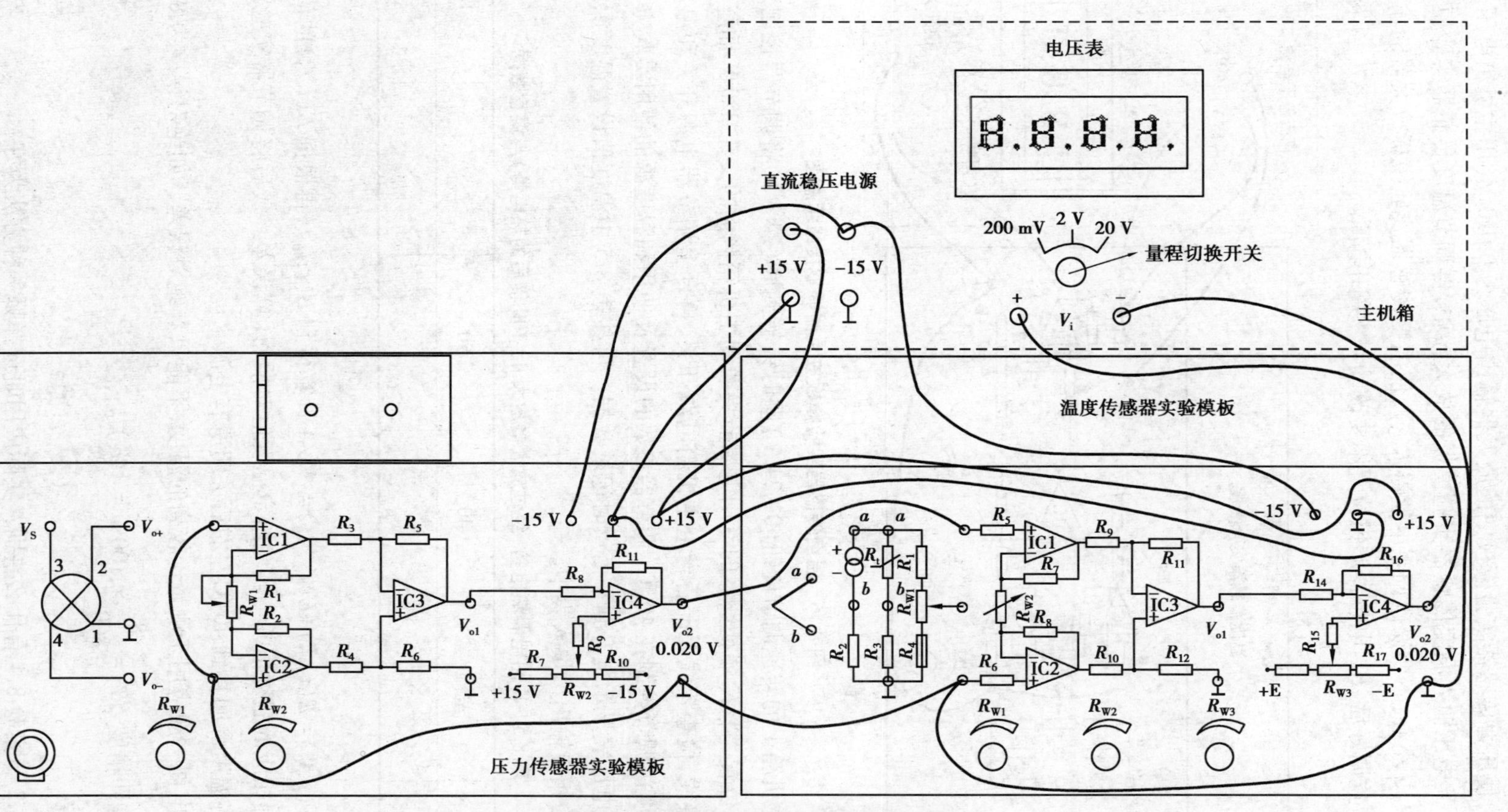

图8.17 调节温度实验模板放大器增益A接线示意图

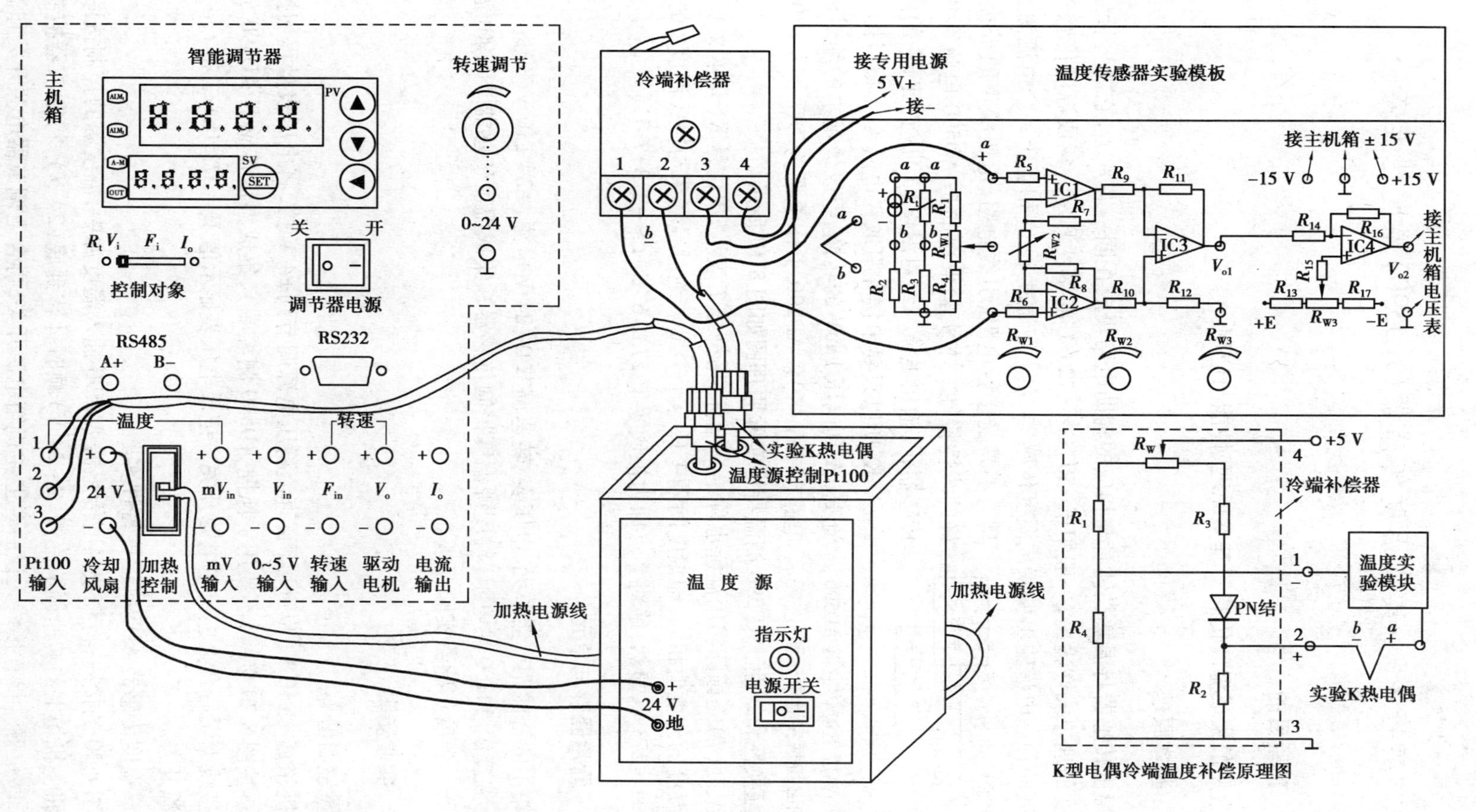

图8.18　K热电偶冷端温度补偿实验接线示意图

实验 8.5　集成温度传感器(AD590)温度特性实验

8.5.1　实验目的

了解常用的集成温度传感器基本原理、性能与应用。

8.5.2　基本原理

集成温度传感器将温敏晶体管与相应的辅助电路集成在同一芯片上,它能直接给出正比于绝对温度的理想线性输出,一般用于-50 ℃~+120 ℃的温度测量。集成温度传感器有电压型和电流型两种。电流输出型集成温度传感器,在一定温度下,它相当于一个恒流源。因此它具有不易受接触电阻、引线电阻、电压噪声的干扰,具有很好的线性特性。本实验采用的是 AD590 电流型集成温度传感器,其输出电流与绝对温度(T)成正比,它的灵敏度为 1 μA/K,所以只要串接一只取样电阻 R(1 kΩ)即可实现电流 1 μA 到电压 1 mV 的转换,组成最基本的绝对温度测量电路(1 mV/K)。AD590 工作电源为 DC +4~+30 V,它具有良好的互换性和线性。AD590 测温特性实验原理图如图 8.19 所示。

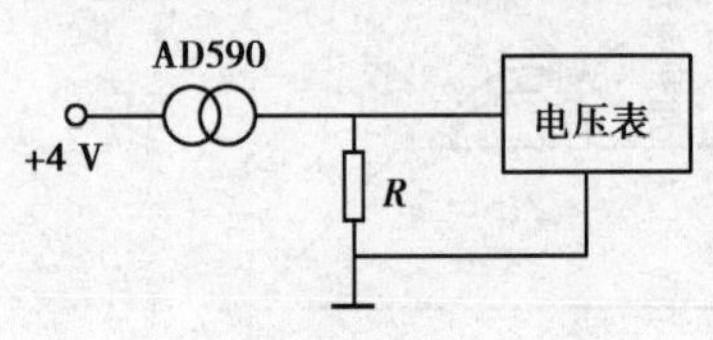

图 8.19　集成温度传感器 AD590 测温特性实验原理图

绝对温度(T)是国际实用温标也称绝对温标,用符号 T 表示,单位是 K(开尔文)。开氏温度和摄氏温度的分度值相同,即温度间隔 1 K 等于 1 ℃。绝对温度 T 与摄氏温度 t 的关系是:$T=273.16+t\approx 273+t$,显然,绝对零点即为摄氏零下 273.16 ℃($t\approx -273+T$ ℃)。

8.5.3　需用器件与单元

主机箱中的智能调节器单元、电压表、转速调节 0~24 V 电源、±2~±10 V(步进可调)直流稳压电源;温度源、Pt100 热电阻(温度源温度控制传感器)、集成温度传感器 AD590(温度特性实验传感器);温度传感器实验模板。

8.5.4　实验步骤

①测量室温值 t_0

将主机箱±2~±10 V(步进可调)直流稳压电源调节到±4 V 挡,将电压表量程切换开关切到 2 V 挡。按图 8.20 接线(不要用手抓捏 AD590 测温端),集成温度传感器 AD590 放在桌面上。检查接线无误后合上主机箱电源开关。记录电压表显示值 $V_i=273.16+t_0$,得 $t_0\approx V_i-273$。关闭主电源开关。

②集成温度传感器 AD590 温度特性实验

保留图 8.20 的接线,将集成温度传感器 AD590 插入温度源中,温度源的控制按图 8.21 示意接线。将主机箱上的转速调节旋钮(2~24 V)顺时针转到底(24 V),将调节器控制对象开关拨到 $R_t.V_i$ 位置。检查接线无误后合上主机箱电源开关,再合上调节器电源开关和温度源电源开关。温度源在室温基础上,可按 $\Delta t=5$ ℃增加温度并且在小于等于 100 ℃范围内设定温度源温度值(温度源的使用、温度设置方法参阅实验 8.1*),待温度源温度动态平衡时读取主机箱电压表的显示值并填入表 8.6。

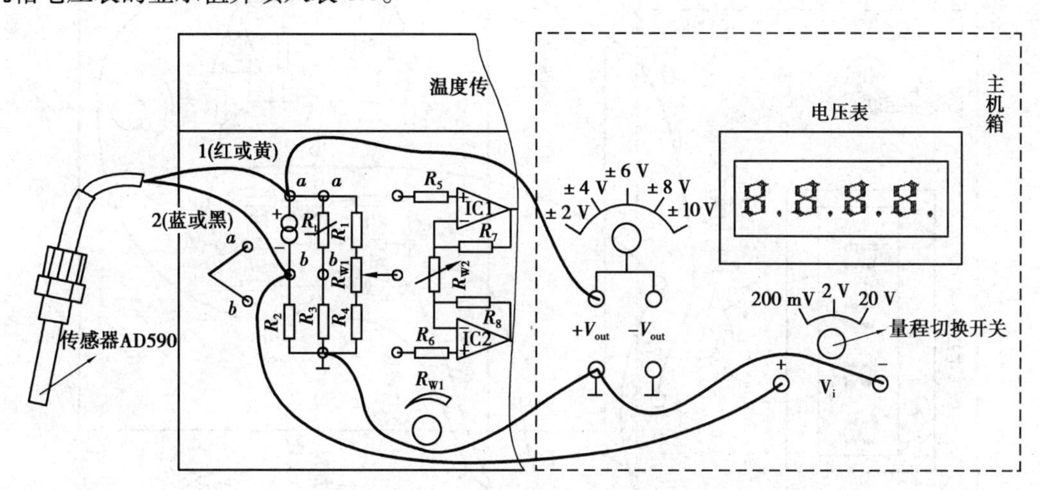

图 8.20　室内环境温度测量接线示意图

表 8.6　AD590 温度特性实验数据

t/℃	t_0									100
V/mV										

③根据表 8.6 数据值作出实验曲线并计算其非线性误差。实验结束,关闭所有电源。

思考题

热电阻、热电偶、AD590 的测温机理有何区别?三者如何拾取温度信号?

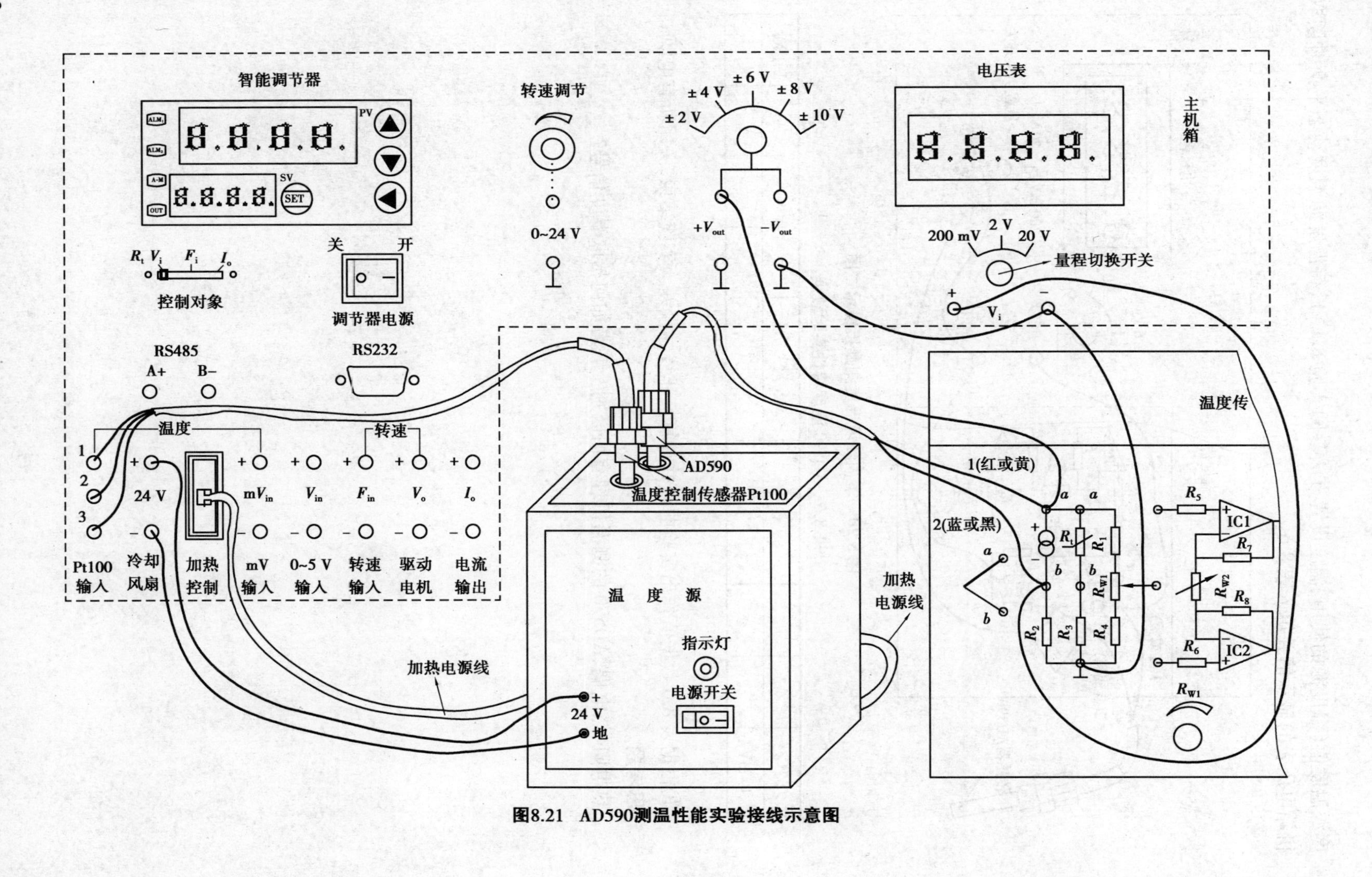

图8.21 AD590测温性能实验接线示意图

模块 9
气敏及湿度传感器实验

实验 9.1 气敏传感器实验

9.1.1 实验目的

了解气敏传感器原理及特性。

9.1.2 基本原理

气敏传感器是指能将被测气体浓度转换为与其成一定关系的电量输出的装置或器件。它一般可分为半导体式、接触燃烧式、红外吸收式、热导率变化式等。本实验采用的是 TP-3 集成半导体气敏传感器,该传感器的敏感元件由纳米级 SnO_2(氧化锡)及适当掺杂混合剂烧结而成,具有微珠式结构,是对酒精敏感的电阻型气敏元件;当受到酒精气体作用时,它的电阻值变化经相应电路转换成电压信号输出,输出信号的大小与酒精浓度对应。传感器对酒精浓度的响应特性曲线、实物及原理如图 9.1 所示。

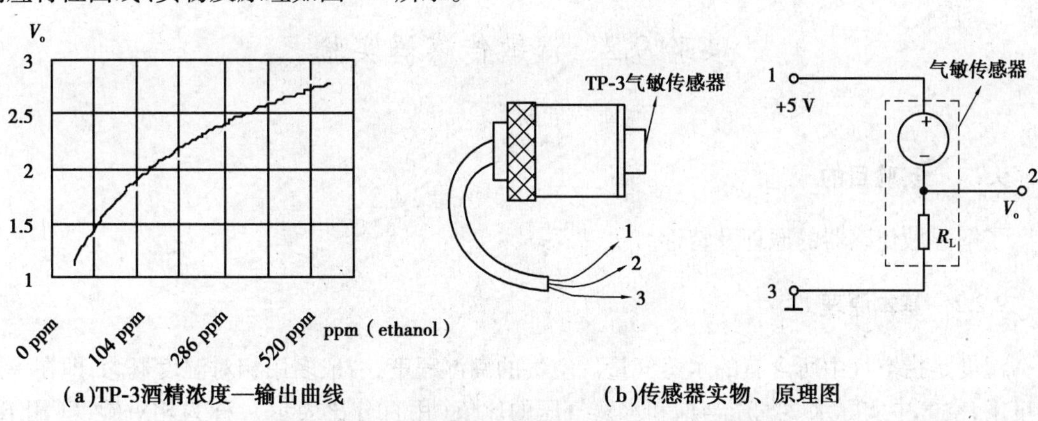

(a)TP-3酒精浓度—输出曲线

(b)传感器实物、原理图

图 9.1 酒精传感器响应特性曲线、实物及原理图

9.1.3 需用器件与单元

主机箱电压表、+5 V 直流稳压电源;气敏传感器、酒精棉球(自备)。

9.1.4 实验步骤

①按图 9.2 示意接线,注意传感器的引线号码。

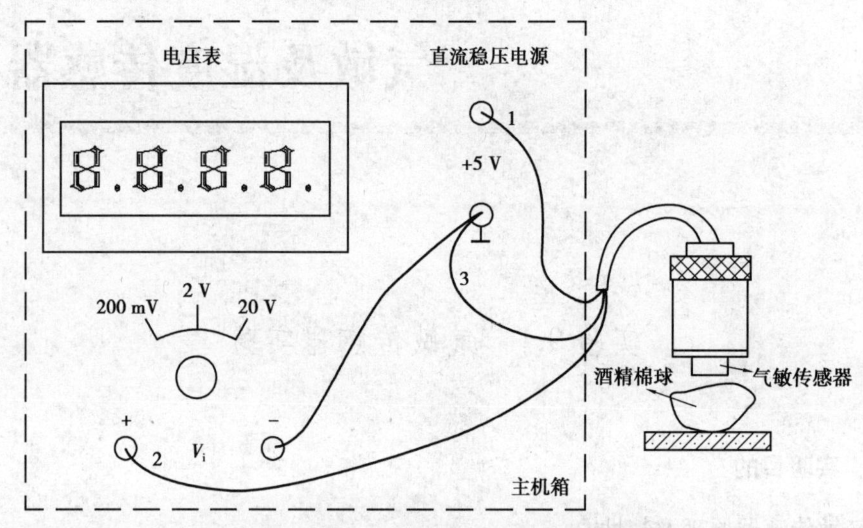

图 9.2 气敏(酒精)传感器实验接线示意图

②将电压表量程切换到 20 V 挡。检查接线无误后合上主机箱电源开关,传感器通电较长时间(至少 5 min 以上,因传感器长时间不通电的情况下,内阻会很小,上电后 V_o 输出很大,不能即时进入工作状态)后才能工作。

③等待传感器输出 V_o 较小(小于 1.5 V)时,用自备的酒精小棉球靠近传感器端面并吹气,使酒精挥发进入传感网内,观察电压表读数变化对照响应特性曲线得到酒精浓度。实验完毕,关闭电源。

实验 9.2 湿敏传感器实验

9.2.1 实验目的

了解湿敏传感器的原理及特性。

9.2.2 基本原理

湿度是指空气中所含有的水蒸气量。空气的潮湿程度,一般多用相对湿度概念,即在一定温度下,空气中实际水蒸气压与饱和水蒸气压的比值(用百分比表示),称为相对湿度(用 RH 表示),其单位为%RH。湿敏传感器种类较多,根据水分子易于吸附在固体表面渗透到固体内部的这种特性(称水分子亲和力),湿敏传感器可以分为水分子亲和力型和非水分子亲和力型。本实验采用的是集成湿度传感器。该传感器的敏感元件采用的是水分子亲和力型中的高分子材料湿敏元件(湿敏电阻)。它的原理是采用具有感湿功能的高分子聚合物(高分子膜)涂敷在带有导电电极的陶瓷衬底上,导电机理为水分子的存在影响高分子膜内部导电离子的迁移率,形成敏感部件阻抗随相对湿度变化成对数变化。一般应用时都经放大转换电路处理将对数变化转换成相应的线性电压信号输出以制成湿度传感器模块形式。湿敏传感器实物、原理框图如图9.3所示。当传感器的工作电源为+5 V±5%时,湿度与传感器输出电压对应曲线如图9.4所示。

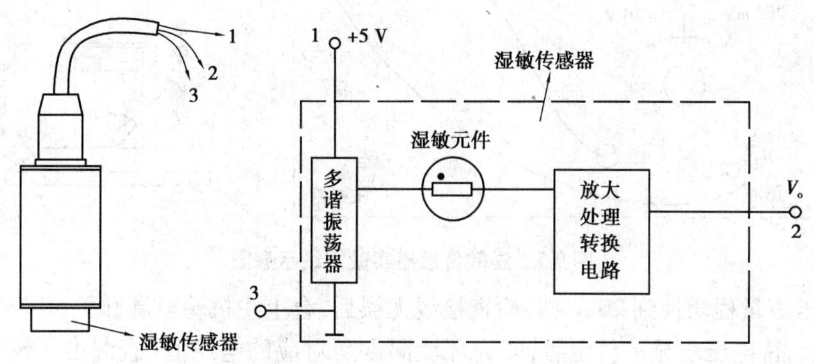

图9.3　湿敏传感器实物、原理框图

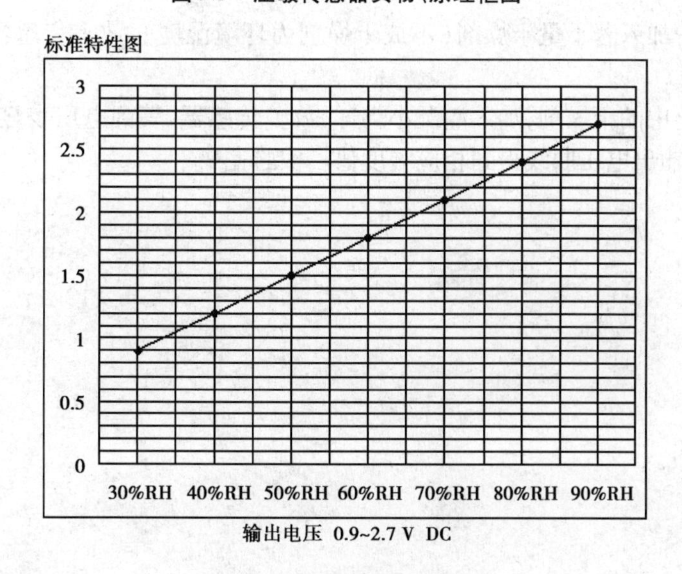

图9.4　湿度—输出电压曲线

9.2.3　需用器件与单元

主机箱电压表、+5 V直流稳压电源;湿敏传感器、湿敏座、潮湿小棉球(自备)、干燥剂(自备)。

9.2.4　实验步骤

①按图9.5示意接线(湿敏座中不放任何东西),注意传感器的引线号码。

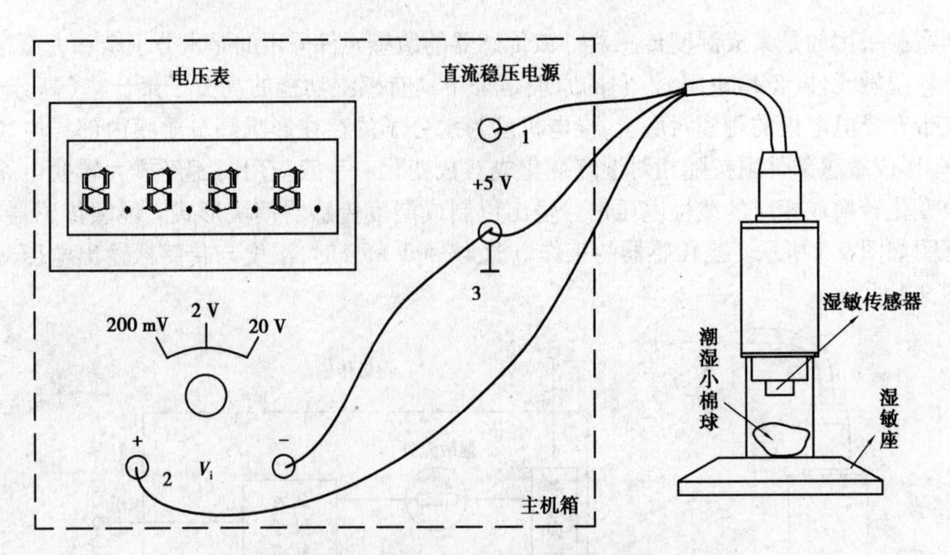

图 9.5　湿敏传感器实验接线示意图

②将电压表量程切换到 20 V 挡，检查接线无误后，合上主机箱电源开关，传感器通电先预热 5 min 以上，待电压表显示稳定后，即为环境湿度所对应的电压值（查湿度—输出电压曲线得环境湿度）。

③往湿敏座中加入若干量干燥剂（不放干燥剂为环境湿度），放上传感器，观察电压表显示值的变化。

④倒出湿敏座中的干燥剂，加入潮湿小棉球，放上传感器，等到电压表显示值稳定后记录显示值，查湿度—输出电压曲线得到相应湿度值。实验完毕。

模块 10
光源及光敏传感器实验

实验 10.1　发光二极管(光源)的照度标定实验

10.1.1　实验目的

了解发光二极管的工作原理;作出工作电流与光照度的对应关系及工作电压与光照度的对应关系曲线,为以后实验提供光源照度所需的输入电压或输入电流(即光源的输入电压或光源的输入电流代替相应光源的照度)的依据。

10.1.2　基本原理

半导体发光二极管简称 LED。它是由Ⅲ-Ⅳ族化合物,如 GaAs(砷化镓)、GaP(磷化镓)、GaAsP(磷砷化镓)等半导体制成的,其核心是 PN 结,因此它具有一般二极管的正向导通,反向截止、击穿特性。此外,在一定条件下,它还具有发光特性。其发光原理如图 10.1 所示,当加上正向激励电压或电流时,在外电场作用下,在 PN 结附近产生导带电子和价带空穴,电子由 N 区注入 P 区,空穴由 P 区注入 N 区,进入对方区域的少数载流子(少子)一部分与多数载

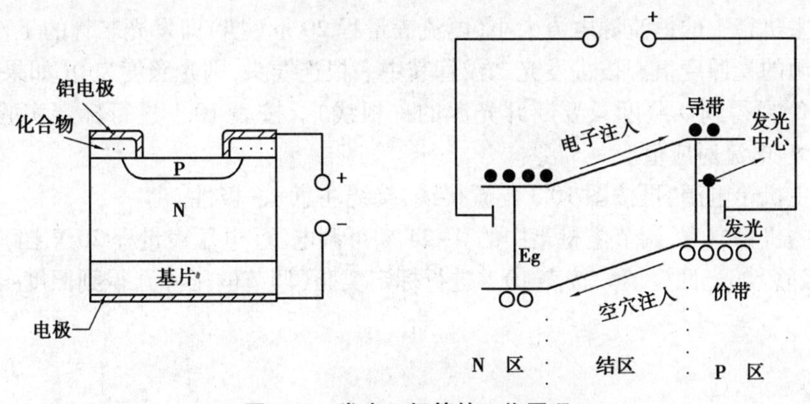

图 10.1　发光二极管的工作原理

流子(多子)复合而发光。假设发光是在P区中发生的,那么注入的电子与价带空穴直接复合而发光,或者先被发光中心捕获后,再与空穴复合发光。除了这种发光复合外,还有些电子被非发光中心(这个中心介于导带、价带中间附近)捕获,再与空穴复合,每次释放的能量不大,以热能的形式辐射出来。发光的复合量相对于非发光复合量的比例越大,光量子效率越高。由于复合是在少子扩散区内发光的,所以光仅在靠近PN结面数微米内产生。发光二极管的发光颜色由制作二极管的半导体化合物决定。本实验使用纯白高亮发光二极管。

10.1.3 需用器件与单元

主机箱中的0~20 mA可调恒流源、转速调节0~24 V电源、电流表、电压表、照度表;照度计探头;发光二极管;遮光筒。

10.1.4 实验步骤

①按图10.2配置接线,接线注意+、-极性。

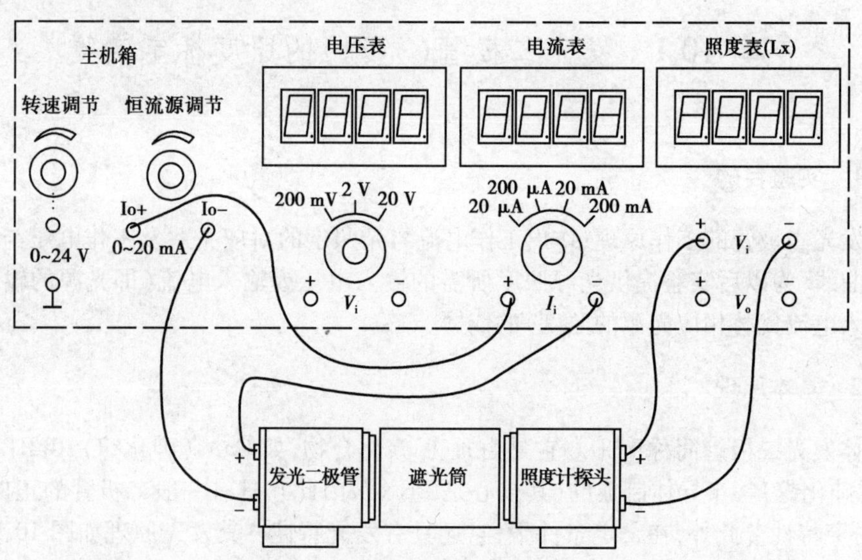

图10.2 发光二极管工作电流与光照度的对应关系实验接线示意图

②检查接线无误后,合上主机箱电源开关。

③调节主机箱中的恒流源电流大小(电流表量程20 mA挡)即发光二管的工作电流大小,就可改变光源的光照度值。拔去发光二极管其中一根连线头,则光照度为0(如果恒流源的起始电流不为0,要得到0照度只要断开光源的一根线)。按表10.1进行标定实验(调节恒流源),得到照度-电流对应值。

④关闭主机箱电源,再按图10.3配置接线,接线注意+、-极性。

⑤合上主机箱电源,调节主机箱中的0~24 V可调电压(电压表量程20 V挡)就可改变光源(发光二极管)的光照度值。按表10.1进行标定实验(调节电压源),得到照度-电压对应值。

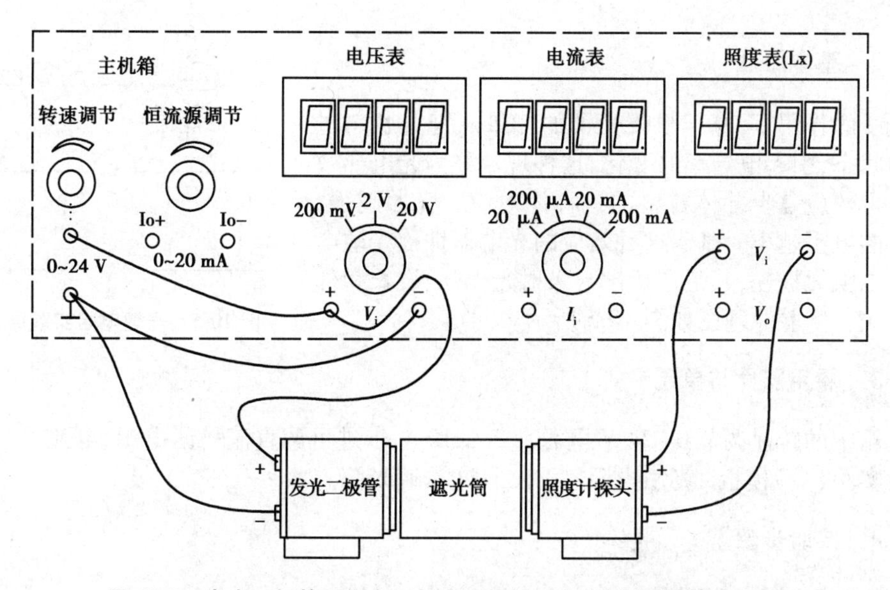

图 10.3　发光二极管工作电压与光照度的对应关系实验接线示意图

表 10.1　发光二极管的电流、电压与照度的对应关系

照度/Lx	0	10	20	…	90	100	110	…	190	200	210	…	290	300
电流/mA	0			…				…				…		
电压/V	0			…				…				…		

⑥根据表 10.1 数据作出发光二极管的电流-照度、电压-照度特性曲线，如图 10.4 所示。

由于发光二极管（光源）离散性较大，每个发光二极管的电流-照度对应值及电压-照度对应值是不同的。实验者必须保存表 10.1 的标定值，以备以后做光电实验。实验者只能在相应的实验台（对应表 10.1 的相应实验台）完成以后的光电实验。

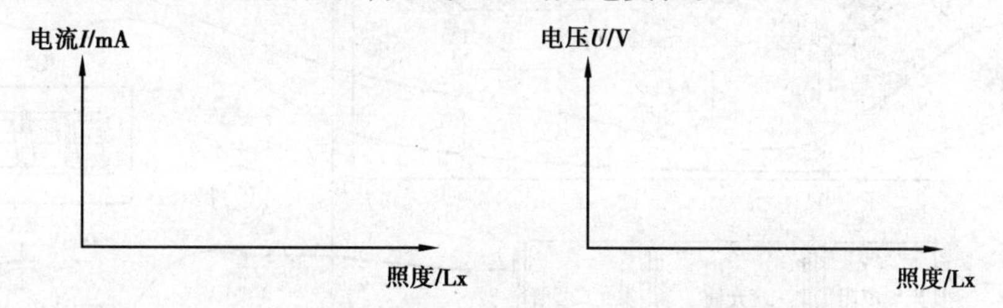

图 10.4　发光二极管的电流-照度、电压-照度特性曲线

实验 10.2　光敏电阻特性实验

10.2.1　实验目的

了解光敏电阻的光照特性和伏安特性。

10.2.2 基本原理

在光线的作用下,电子吸收光子的能量从键合状态过渡到自由状态,引起电导率的变化,这种现象称为光电导效应。光电导效应是半导体材料的一种体效应。光照越强,器件自身的电阻越小。基于这种效应的光电器件称光敏电阻。光敏电阻无极性,其工作特性与入射光光强、波长和外加电压有关。实验原理图如图 10.5 所示。

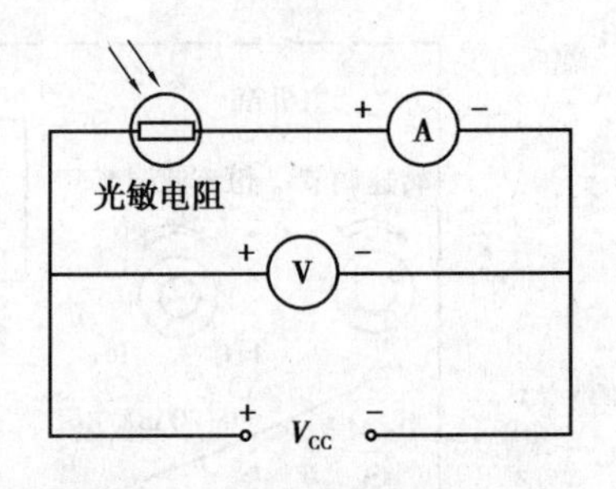

图 10.5 光敏电阻实验原理图

10.2.3 需用器件与单元

主机箱中的转速调节 0~24 V 电源、±2~±10 V 步进可调直流稳压电源、电流表、电压表;光电器件实验(一)模板 、光敏电阻、发光二极管、遮光筒。

10.2.4 实验步骤

(1)亮电阻和暗电阻测量

①按图 10.6 安装接线(注意插孔颜色对应相连)。打开主机箱电源,将±2~±10 V 的可调电源开关打到 10 V 挡,再缓慢调节 0~24 V 可调电源,使发光二极管两端电压为光照度100 Lx时对应的电压值。

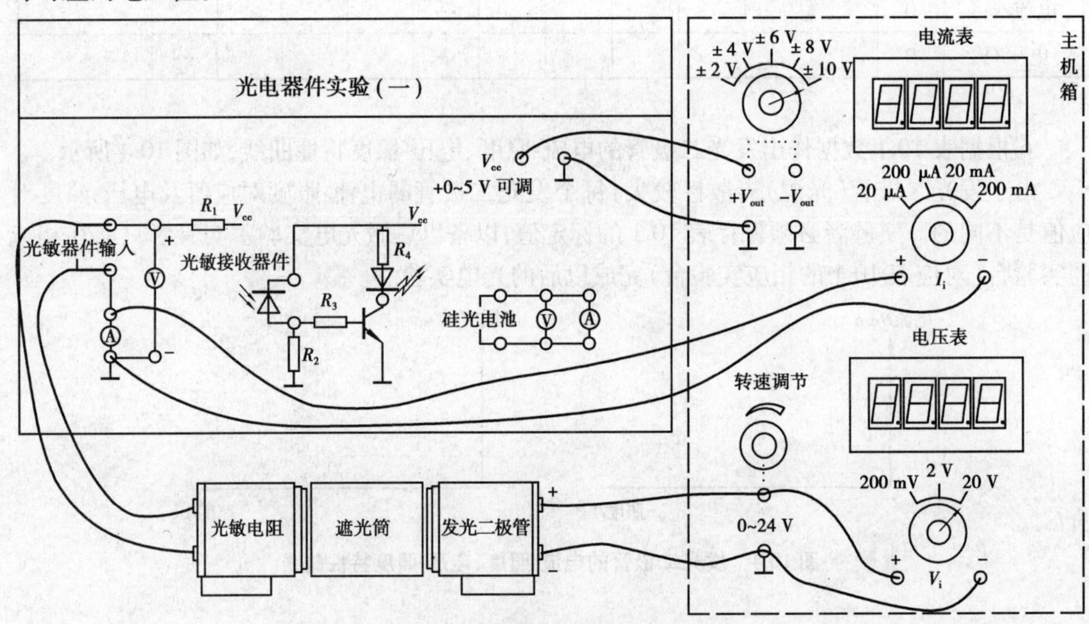

图 10.6 光敏电阻特性实验接线图

②10 s 左右读取电流表(可选择电流表合适的挡位,如 20 mA 挡)的值为亮电流 $I_{亮}$。

③将 0~24 V 可调电源的调节旋钮逆时针方旋到底后 10 s 左右读取电流表(20 μA 挡)的值为暗电流 $I_{暗}$。

④计算亮阻和暗阻(照度 100 Lx):

$$R_{亮} = \frac{U_{测}}{I_{亮}} \qquad R_{暗} = \frac{U_{测}}{I_{暗}}$$

(2)光照特性测量

光敏电阻的二端电压为定值时,光敏电阻的光电流随光照强度的变化而变化,它们之间的关系是非线性的。调节图 10.5 中的 0~24 V 电压为表 10.4 光照度(Lx)所对应的电压值(根据实验 10.1 标定的光照度对应的电压值),将测得数据填入表 10.2,并作出图 10.7 所示光电流与光照度曲线图。

表 10.2　光照特性实验数据

光照度/Lx	0	10	20	30	40	50	60	70	80	90	100
光电流/mA											

(3)伏安特性测量

在一定的光照强度下,光敏电阻的光电流随外加电压的变化而变化。测量时,在给定光照度(如 100 Lx)时,光敏电阻输入 0 V、2~10 V 五挡可调电压(调节图 10.5 中的±2~±10 V 的电压),测得光敏电阻上的电流值填入表 10.3,并在同一坐标图 10.8 中作出不同照度的 3 条伏安特性曲线。

图 10.7　光敏电阻光照特性实验曲线　　**图 10.8　光敏电阻伏安特性曲线**

表 10.3　光敏电阻伏安特性实验数据

<table>
<tr><td colspan="2">光敏电阻</td><td>电压/V</td><td>0</td><td>2</td><td>4</td><td>6</td><td>8</td><td>10</td></tr>
<tr><td rowspan="3">照度</td><td>10 Lx</td><td>电流/mA</td><td></td><td></td><td></td><td></td><td></td><td></td></tr>
<tr><td>50 Lx</td><td>电流/mA</td><td></td><td></td><td></td><td></td><td></td><td></td></tr>
<tr><td>100 Lx</td><td>电流/mA</td><td></td><td></td><td></td><td></td><td></td><td></td></tr>
</table>

思考题

为什么测光敏电阻亮阻和暗阻要经过 10 s 后读数,这是光敏电阻的缺点,只能应用于什么状态?

实验 10.3　光敏二极管的特性实验

10.3.1　实验目的

了解光敏二极管工作原理及特性。

10.3.2 基本原理

当入射光子在本征半导体的PN结及其附近产生电子—空穴对时，光生载流子受势垒区电场作用，电子漂移到N区，空穴漂移到P区。电子和空穴分别在N区和P区积累，两端便产生电动势，这称为光生伏特效应，简称光伏效应。光敏二极管基于这一原理。如果在外电路中把PN短接，就产生了反向的短路电流，光照时反向电流会增加，并且光电流和照度基本呈线性关系。

10.3.3 需用器件与单元

主机箱中的转速调节0~24 V电源、±2~±10 V步进可调直流稳压电源、电流表、电压表；光电器件实验(一)模板 、光敏二极管、发光二极管、遮光筒。

10.3.4 实验步骤

(1)光照特性

将图10.6中的光敏电阻更换成光敏二极管(注意接线孔的颜色相对应即+、-极性)，按图10.6安装接线，测量光敏二极管的暗电流和亮电流。

①暗电流测试：将图10.6中主机箱中的将±2~±10 V的可调电源开关打到6 V挡，合上主机箱电源，将0~24 V可调稳压电源的调节旋钮逆时针方向缓慢旋到底，读取主机箱上电流表(20 μA挡)的值即为光敏二极管的暗电流。暗电流基本为0 μA，一般光敏二极管小于0.1 μA，暗电流越小越好。

②亮电流测试：顺时针方向缓慢地调节0~24 V电源(实验10.1的标定值)为表10.4照度对应的电压值，光电流的测量(根据光电流的大小切换合适的电流表量程挡)数据填入表10.4。根据表10.4数据，作出图10.9光敏二极管工作电压为6 V时的电流-光照特性曲线。

表10.4　二极管光照特性实验数据

光照度/Lx	0	10	20	30	40	50	60	70	80	90	100
光电流/μA											

(2)伏安特性测量

光敏二极管在一定的光照度下，光电流随外加电压的变化而变化。测量时，在给定光照度(实验10.1标定的光照度对应的电压值)时，光敏二极管输入0 V、2 V~10 V五挡可调电压(调节图10.6中的±2 V~±10 V的电压)，测得光敏二极管上的电流值填入表10.5，并在同一坐标图10.10中作出不同照度的伏安特性曲线簇。

图10.9　光敏二极管光照特性曲线

图10.10　光敏二极管伏安曲线簇

表 10.5　光敏二极管伏安特性实验数据

光敏二极管		电压/V	0	2	4	6	8	10
照度	0 Lx	电流/μA						
	10 Lx							
	⋮							
	50 Lx	电流/μA						
	⋮							
	100 Lx	电流/μA						

思考题

什么是暗电流和明电流？它们之间的区别是什么？

实验 10.4　硅光电池特性实验

10.4.1　实验目的

了解光电池的光照、光谱特性，熟悉其应用。

10.4.2　基本原理

光电池是根据光生伏特效应制成的，不需加偏压就能把光能转换成电能的 PN 结的光电器件。当光照射到光电池 PN 结上时，便在 PN 结两端产生电动势，这种现象叫“光生伏特效应”，将光能转化为电能。该效应与材料、光的强度、波长等有关。

10.4.3　需用器件与单元

主机箱中的 0~20 mA 可调恒流源、转速调节 0~24 V 电源、电流表、电压表；遮光筒、发光二极管；硅光电池、光电器件实验（一）模板。

10.4.4　实验步骤

（1）光照特性（开路电压、短路电流）

①在不同的照度下，光电池产生不同的光电流和光生电动势。它们之间的关系就是光照特性。实验时，为了得到光电池的开路电压 V_{oc} 和短路电流 I_s，不要同时（同步）接入电压表和电流表，要错时（异步）接入电路来测量数据。

a.光电池的开路电压（V_{oc}）实验：按图 10.11 安装接线（注意接线孔的颜色相对应，即+、-极性相对应），发光二极管的输入电流根据实验 10.1 光照度对应的（如表 10.6 的照度值）电流值，读取电压表 V_{oc} 的测量值填入表 10.6 中。

表 10.6　光电池的开路电压(V_{oc})实验数据

照度/Lx	0	10	…	90	100
V_{oc}/mV					

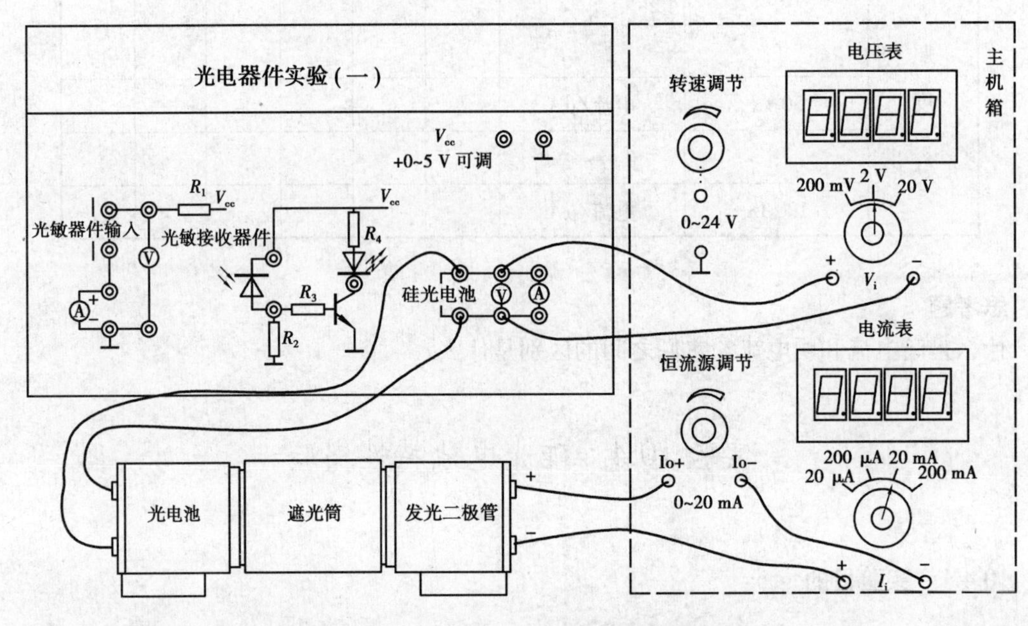

图 10.11　光电池的开路电压(V_{oc})实验接线图

b.光电池的短路电流(I_s)实验:按图 10.12 安装接线(注意接线孔的颜色相对应即+、-极性相对应),发光二极管的输入电压根据实验 10.1 光照度对应的(如表 10.7 的照度值)电压值,读取电流表 I_s 的测量值填入表 10.7 中。

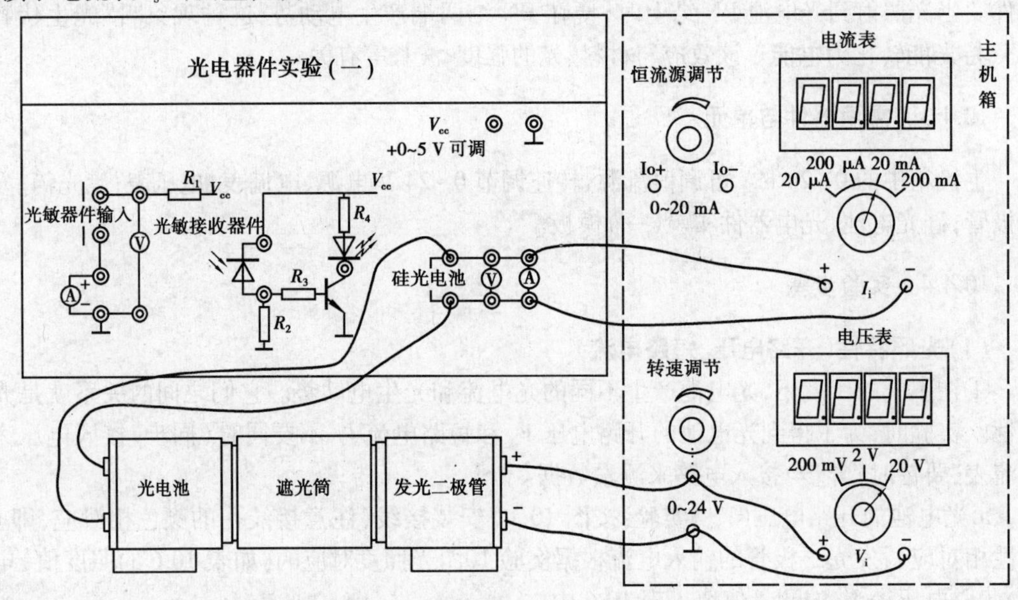

图 10.12　光电池的短路电流(I_s)实验接线图

表 10.7　光电池的短路电流(I_s)实验数据

照度/Lx	0	10	…	90	100
I_s/mA					

②根据表 10.6、表 10.7 的实验数据作出特性曲线图,如图 10.13 所示。

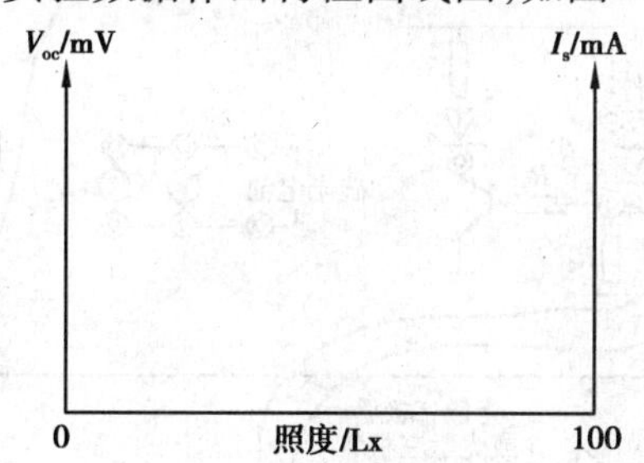

图 10.13　光电池开路电压、短路电流特性曲线

实验 10.5　透射式光电开关实验

10.5.1　实验目的

了解透射式光电开关组成原理及应用。

10.5.2　基本原理

光电开关可以由一个光发射管和一个接收管组成(光耦、光断续器)。当发射管和接收管之间无遮挡时,接收管有光电流产生。一旦此光路中有物体阻挡时,光电流中断,利用这种特性可制成光电开关用来工业零件计数、控制等。

10.5.3　需用器件与单元

主机箱中的±2~±10 V 步进可调直流稳压电源、光电器件实验模块(一)、发光二极管(或红外发射二极管)、光敏三极管(或光敏二极管)。(也可以用光开关实验模板做实验,如实验 10.6)

10.5.4　实验步骤

①将主机箱中的±2~±10 V 步进可调直流稳压电源调节到±10 V 挡,按图 10.14 示意安装接线,注意接线孔颜色(极性)相对应。

②开启主机箱电源,观察遮挡与不遮挡光路时模板上指示发光二极管的亮暗变化情况,由此形成了开关功能。

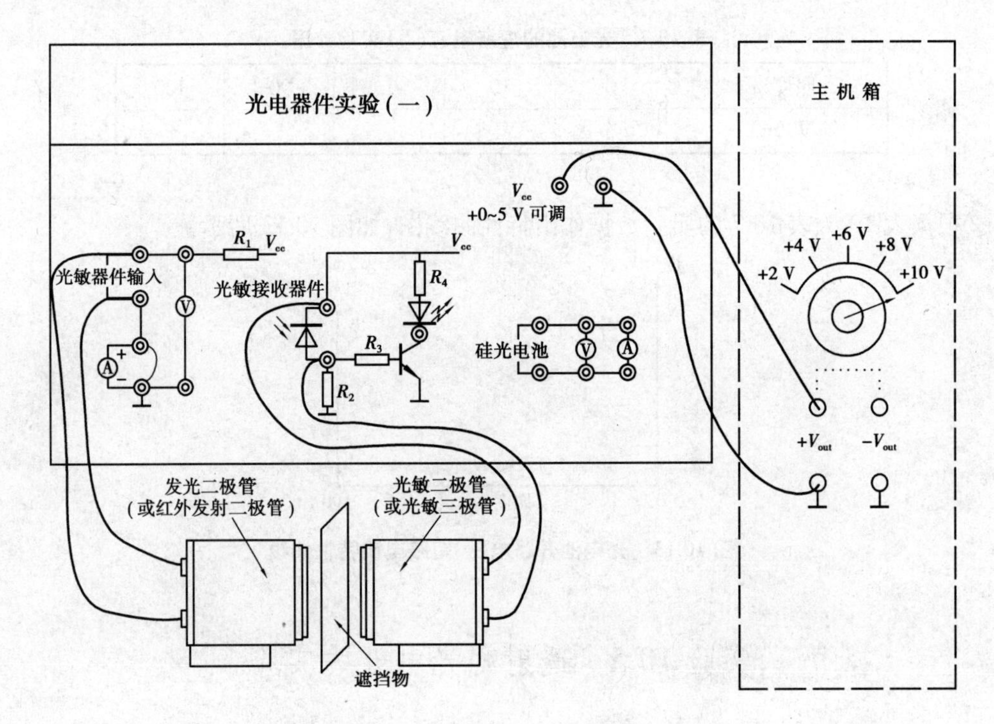

图 10.14 透射式光电开关实验接线示意图

实验 10.6 反射式红外光电接近开关实验

10.6.1 实验目的

了解反射式红外光电接近开关组成原理及应用。

10.6.2 基本原理

反射式红外光电接近开关由一个红外光发射管和一个接收管组成。当发射管发射红外光被接近物反射到接收管时,接收管有光电流产生;一旦接近物离开,接收管接收不到红外光,光电流中断。利用这种特性可制成光电开关用来计数、控制等。

10.6.3 需用器件与单元

主机箱中的±2~±10 V 步进可调直流稳压电源、光电开关实验模块、反射式光耦(光电接近开关)。

10.6.4 实验步骤

①将主机箱中的±2~±10 V 步进可调直流稳压电源调节到±10 V 挡,按图 10.15 示意安装接线,注意接线孔颜色(极性)相对应。

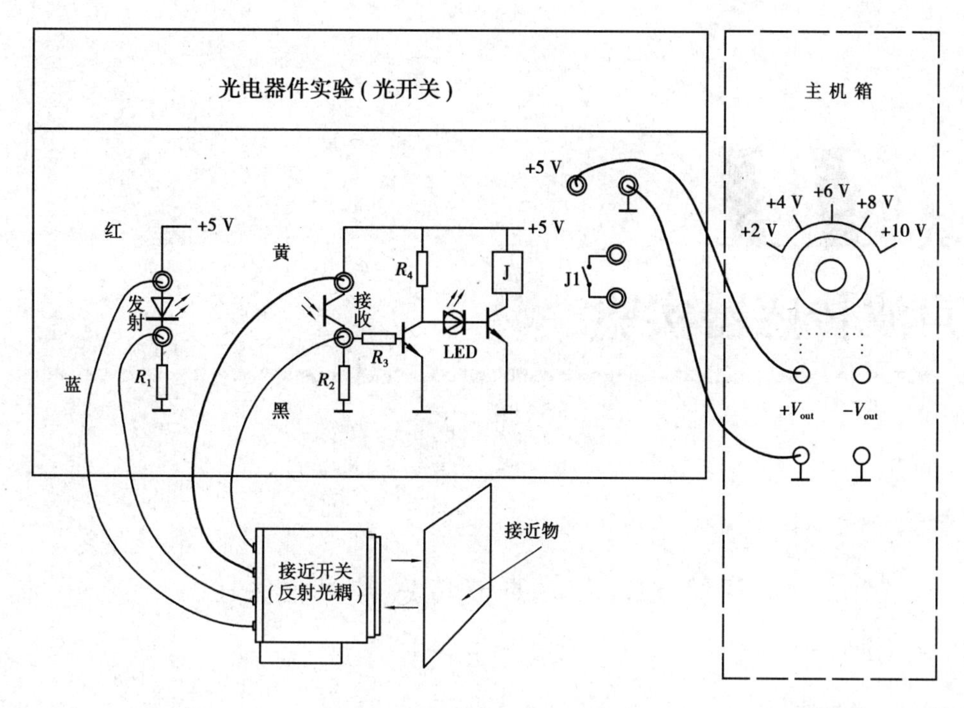

图 10.15　透射式光电开关实验

②开启主机箱电源,观察接近物接近与远离时模板上指示发光二极管的亮暗变化情况,由此形成了开关功能。

模块 11
超声波传感器实验

实验 11.1 超声波传感器测距实验

11.1.1 实验目的

了解超声波在介质中的传播特性，熟悉超声波传感器测量距离的原理。

11.1.2 基本原理

超声波测距仪由超声波传感器(超声波发射探头 T 和接收探头 R)及相应的测量电路构成。超声波是听觉阈值以外的振动，其常用频率范围为 20~60 kHz。超声波在介质中可以产生三种形式的振荡波：横波、纵波、表面波。本实验以空气为介质，用纵波测量距离。超声波发射探头的发射频率为 40 kHz，在空气中波速为 344 m/s。当超声波在空气中传播时碰到不同介面时会产生一个反射波和折射波，从介面反射回来的波由接收探头接收输入测量电路放大处理。通过测量超声波从发射到接收之间的时间差 Δt，就能从 $S=v_0\times\Delta t$ 算出相应的距离，式中，v_0 为超声波在空气中传播速度。

11.1.3 需用器件与单元

主机箱、超声波传感器实验模板(装有超声波传感器)、反射挡板。

11.1.4 实验步骤

超声波传感器由发射头 T 和接收数 R 组成。超声探头已装在实验模板的右上端，它们的引线 VT、公共端(⊥)、VR 在实验模板的左上端。

将实验模板上的 VT 与 VT、VR 与 VR 及⊥相应连接，再将实验模板的±15 V、⊥及输出 V_o2 与主机箱的相应电源和电压表(量程 20 V 挡)相连，如图 11.1 所示。

离超声波传感器 20 cm(0~20 cm 左右为超声波测量盲区)处放置反射挡板，调节挡板对准探头角度，合上主机箱电源。

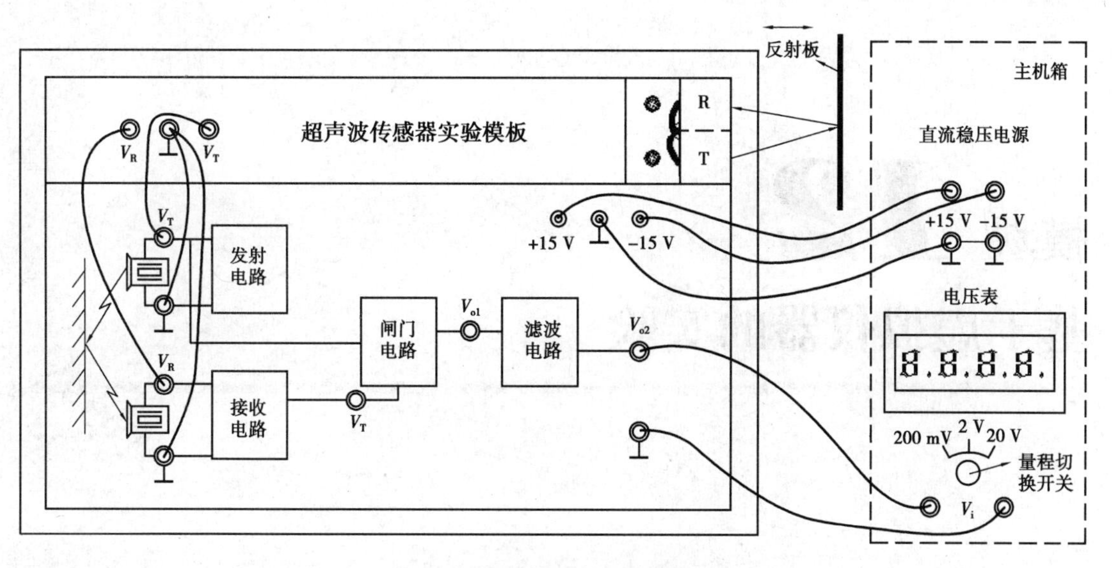

图 11.1　超声波测距实验接线图

平行移动反射板，依次递增 5 cm 并依次记录电压表数据填入表 11.1。

表 11.1　超声波传感器测距实验数据

X/mm										
V/V										

根据表 11.1 实验数据作出实验 X—V 曲线，计算灵敏度和线性度。

思考题

1.叙述超声波传感器的工作原理，小轿车如何采用超声波测距？

2.使用超声波传感器测距时，如何消除环境温度、湿度和风速波动的干扰？

模块 12

基于虚拟仪器的实验

实验 12.1 基于 NI DAQ 和虚拟仪器的数据采集系统构建实验

12.1.1 实验目的

①了解基于虚拟仪器的数据采集系统的构成、功能和主要性能指标。

②掌握 NI Measurement & Automation Explorer(MAX)软件的操作与使用。

③掌握使用 LabVIEW 软件控制 NI USB6211 数据采集卡进行数据采集的方法。

12.1.2 基本原理

基于虚拟仪器技术的数据采集系统基本结构如图 12.1 所示:系统以通用计算机(PC)和操作系统的高速运算和控制能力为基础,结合高精度、高速度的 DAQ 数据采集卡(PCI/PXI/USB 总线 DAQ 卡),利用虚拟仪器(LabVIEW)软件对测控对象进行用户自定义的采集、显示、存储、信号处理、人机交互、运算分析和输出控制等与传统仪器类似的功能。

各类传感器输出的被测对象参数经信号调理后,由虚拟仪器软件驱动的 DAQ 卡进行采集并上传至计算机中,使用 LabVIEW 等虚拟仪器软件进行分析与处理。可见,虚拟仪器技术的核心理念在于"软件即仪器",具有开发、灵活、可复用与可重配置性强、技术更新周期短、适合开发网络化仪器进行异地或远程控制等突出优点,在信号分析、在线监测、工业测控、系统仿真等领域获得了广泛应用。

虚拟仪器软件分为两大类:一是驱动与配置(Drive)软件。本实验使用美国国家仪器(National Instruments,NI)公司的 MAX 软件,其主要功能在于配置 NI 硬件和软件,查看与系统连接的设备和仪器,进行系统诊断,也可以创建一些较为简单的数据采集系统。二是应用(Application)软件。本实验使用的是 NI LabVIEW 软件,它是一个标准的数据采集和仪器控制软件,是目前应用最广、功能最强、发展最快的图形化软件开发集成环境(关于 LabVIEW 软件的操作与编程方法,请参阅其他课程的资料,本实验不再详细介绍)。

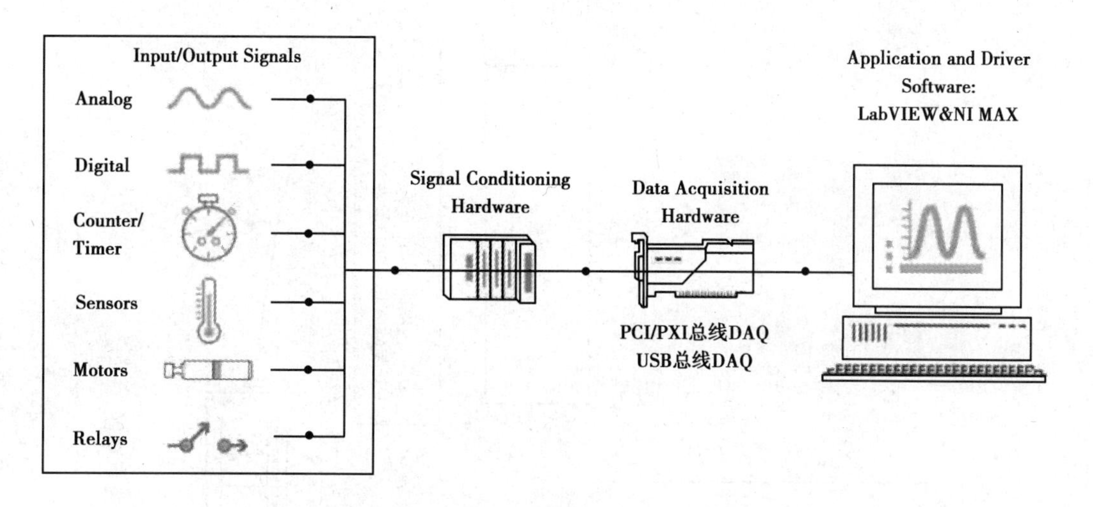

图 12.1　基于虚拟仪器技术的数据采集系统基本结构

USB-6211 卡将作为本次实验的数据采集卡，它是 NI 公司基于 USB 总线的 M 系列高性能、多功能 DAQ 卡，主要性能指标为：①16 路单端输入或 8 路差分模拟输入通道：16 位分辨率，250 kS/s 采样率，模拟输入最大电压范围为-10～+10 V；②2 路模拟输出；16 位分辨率，250 kS/s 速率；模拟输出最大电压范围为-10～+10 V，单通道电流驱动能力为2 mA；③数字 I/O：具备 4 路数字输入，4 路数字输出，TTL 电平，单通道的电流驱动能力为 10 mA；④计 2 个 32 位定时器/计数器：最大信号源频率为 80 MHz，具备脉冲生成、短时脉冲干扰消除和缓冲操作功能；⑤具备数字触发功能（USB6211 的详细资料请查阅 NI 公司的技术手册）。

本实验使用 NI MAX 和 LabVIEW 软件配置和驱动 NI USB6211 DAQ 卡，对实验 7.2* 所使用的光电转速传感器和转动源的相关信号进行采集与分析，以掌握基于虚拟仪器技术的数据采集系统构建原理和方法。

12.1.3　需用器件与单元

主机箱中的转速调节 0～24 V 直流稳压电源、+5 V 直流稳压电源、电压表、频率\转速表、转动源、光电转速传感器——光电断续器（已装在转动源上）、NI USB-6211 数据采集卡、电流放大电路、计算机（安装 LabVIEW2013 和 DAQmx9.7 版软件）。

12.1.4　实验步骤

（1）基于 NI MAX 和 USB6211 的转动源模拟/数字信号测量

①将主机箱中的 0～24 V 电源旋钮旋到最小（逆时针旋转到底），将主机箱中频率/转速表的切换开关切换到转速处。再按图 12.2 所示接线：主机箱上的转速调节 0～24 V 直流电源+、-端分别接至 USB6211 的 AI0、AI8（USB6211 的差分模拟输入通道 AI0），用于测量转动源的驱动电压；转动源上的光电转速传感器输出的脉冲信号+、-端分别接至 USB6211 的 PFI0、DGND（USB6211 的计数器 0—ctr0 信号输入端），用于测量电机转速；用 USB 电缆将 USB6211 和安装有 NI MAX 和 LabVIEW2013 版软件的计算机连接起来。

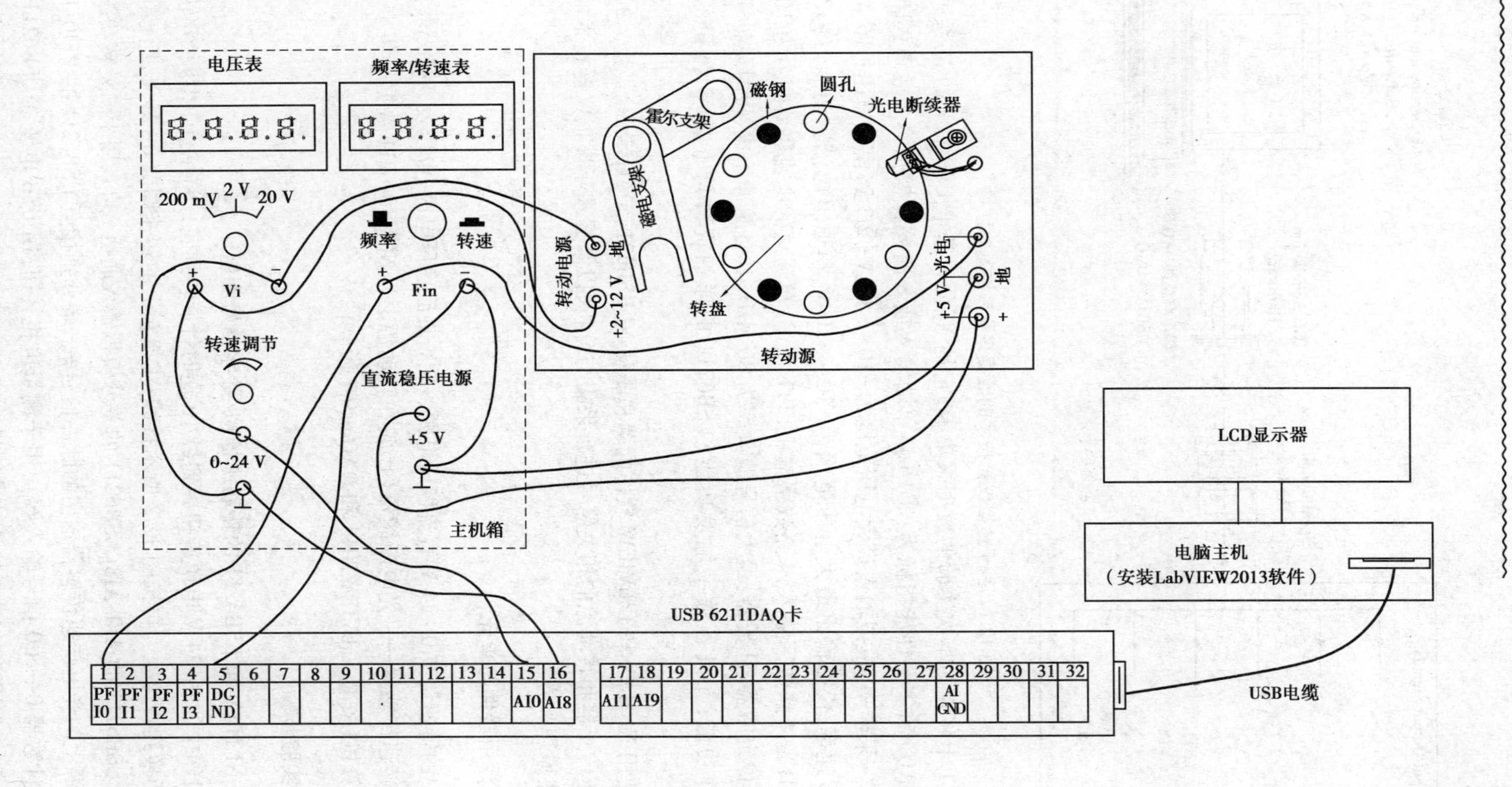

图12.2 基于NI MAX和USB6211的转动源模拟/数字信号测量接线示意图

②运行 NI MAX 软件，其界面如图 12.3 所示，可在“设备和接口”菜单栏下看到连接到本台计算机上的 NI 硬件设备，图中可见一个设备编号为“Dev1”的 NI USB6211 设备，(备注：该设备名称前面的符号为绿色的，表示该设备已连上计算机并工作正常，而设备名称前面的符号为打叉的表示设备已断开，设备名称前面的符号为黄色的表示该设备为 DAQmx 仿真设备)，可在右边的操作栏中对该 USB6211 执行“重置”“自检”“自校准”和观看设备引脚和连线等操作。

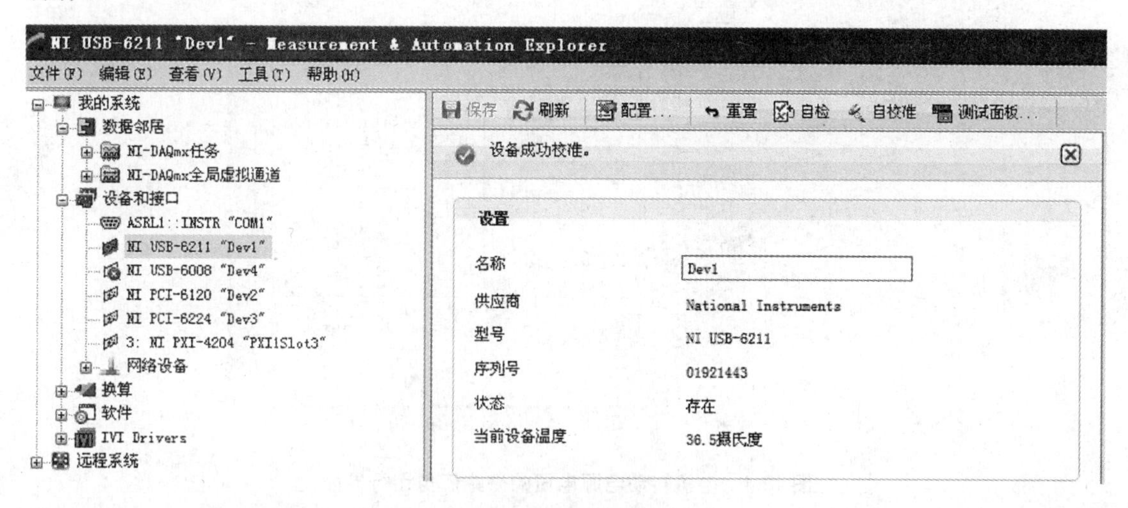

图 12.3　NI MAX 软件启动界面

③创建电机转动电源电压的采集任务：鼠标右键点击“数据邻居”，选择“新建”→“NI DAQmx 任务”，然后点击“下一步”，选择“采集信号”→“模拟输入”→“电压”，然后在弹出的物理通道选择界面中选择 Dev1(USB6211)的“ai0”通道后，点击“下一步”，将任务名保存为“电机转动电源电压采集”后点击“完成”，将弹出如图 12.4 所示的任务运行界面；将接线端配置设置为“差分”方式，将采集模式设置为“连续采样”，采样率和待读取采样分别设置为 1 kHz 和 1 k(即每次循环采集 1 000/1 000 = 1 s 的电压波形进行显示)，设置完毕后点击“保存”按键进行保存。此处还可以点击“连线图”按钮，将弹出如图 12.5 所示的任务连线示意图，以检验图 12.2 所示的物理连线是否正确。

④创建电机转速测量任务：鼠标右键点击“数据邻居”，选择“新建”→“NI DAQmx 任务”，点击“下一步”，选择“采集信号”→“计数器输入”→“频率”，然后在弹出的物理通道选择界面中选择 Dev1(USB6211)的“ctr0”通道后，点击“下一步”，将任务名保存为“电机转速测量”后点击“完成”，将弹出如图 12.6 所示的任务运行界面；将采集模式设置为“连续采样”，将信号输入范围设置为 2～100 Hz，将开设边沿设置为“上升”，测量方法选择为“2 计数器(大范围)”，设置完毕后点击“保存”按键进行保存。

若需要直接读出电机转速，可在图 12.6 中选择“自定义换算”，新建一个名为“频率-转速换算”的换算公式，如图 12.7 所示。根据实验 7.2* 可知，由于转动源的转盘上有均匀间隔的 6 个孔，每转一圈将产生 6 个脉冲，经数据采集卡测量后的脉冲频率为 f(单位为 Hz)，则转速 n(单位为转/min)与频率 f 的换算关系为 $n = 10f$。

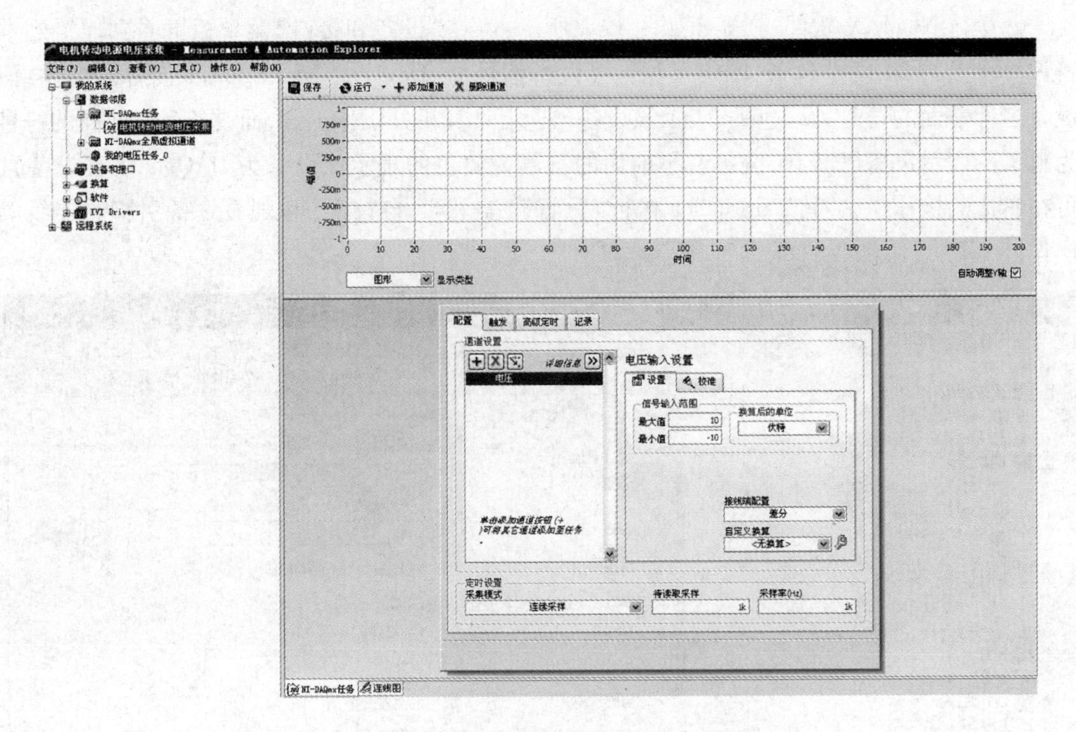

图 12.4　电机转动电源电压的采集任务运行界面

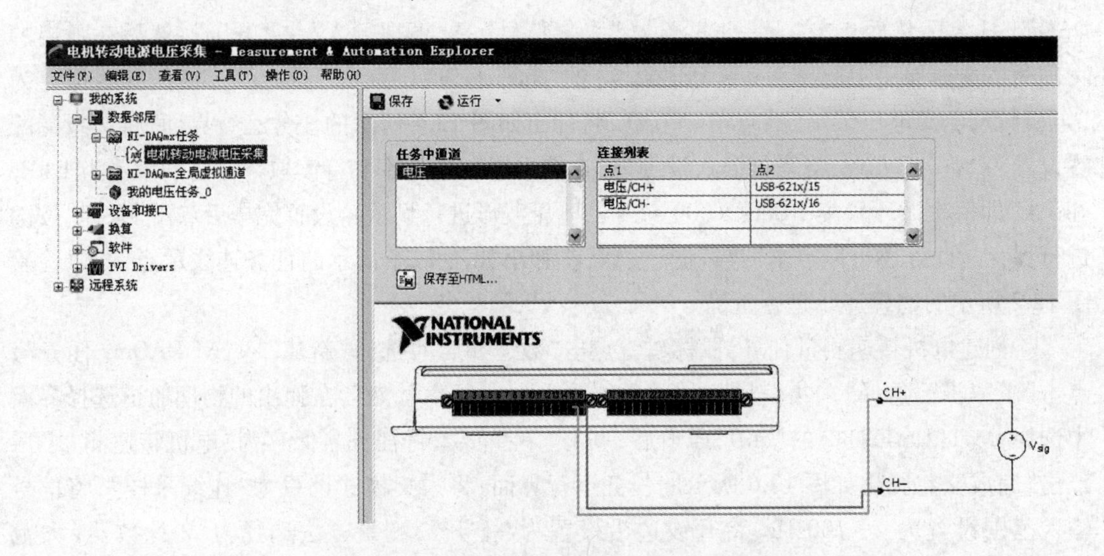

图 12.5　电机转动电源电压的采集任务连线图

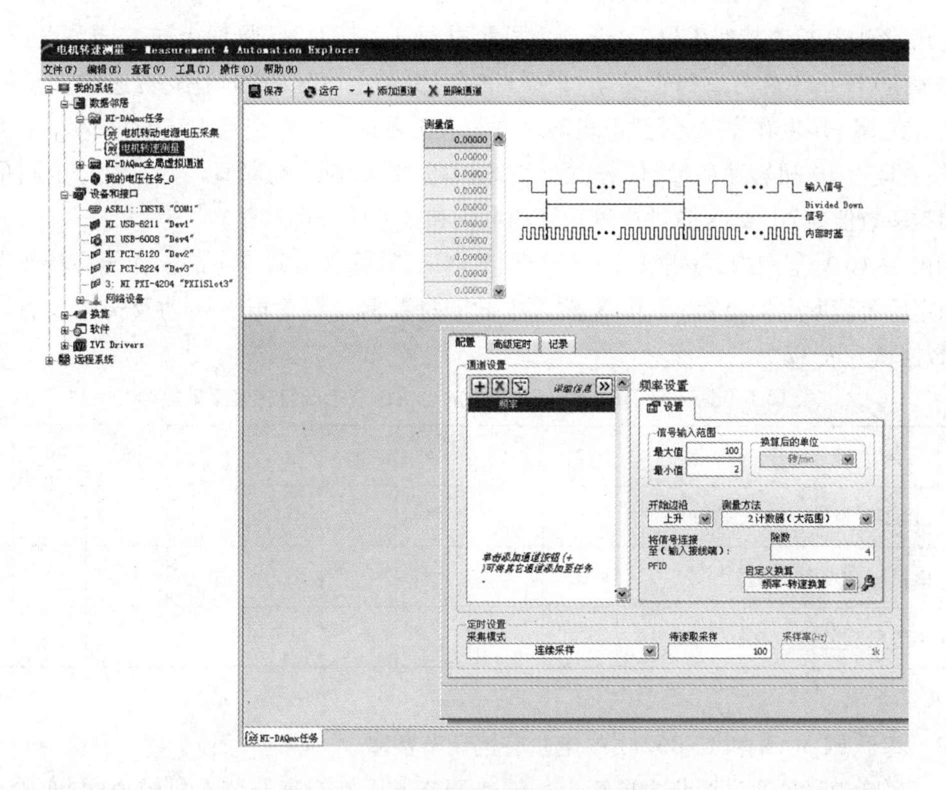

图 12.6　电机转速测量任务运行界面

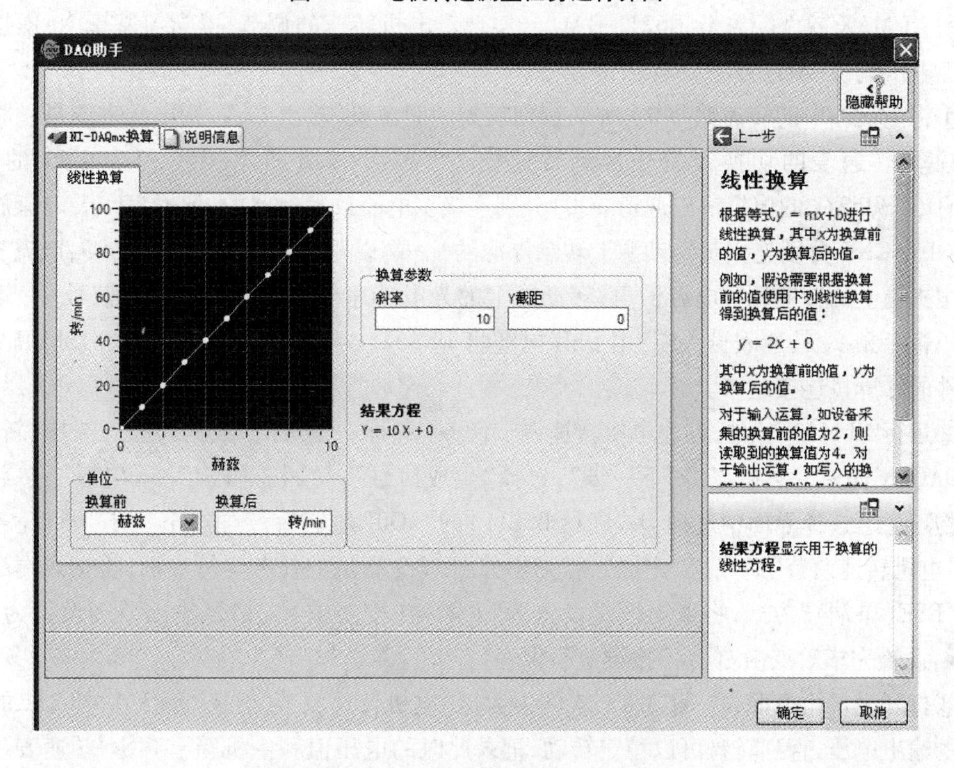

图 12.7　脉冲频率-电机转速测量换算

⑤开始测量:检查接线无误后,合上主机箱电源开关,然后缓慢增大转速调节电压(顺时针转动旋钮)直到转盘可以稳定转动,记录此时主机箱上电压表和频率/转速表上显示的数值。然后在 NI MAX 软件中运行“电机转动电源电压采集”任务,记录 USB6211 采集到的电压数值,接着运行“电机转速测量”任务,记录 USB6211 测量到的频率值。将主机箱上测量到的电压和频率数值与 NI MAX 软件中测量到的电压和频率值进行对比。

⑥在 2~10 V 范围内,每增加 1 V 转速调节电压,就重复步骤⑤中的操作（待转速表显示比较稳定后再读取主机箱和 NI MAX 软件中的测量数据),观察电机转动及转速表的显示情况,将数据填入表 12.1 中。

表 12.1 基于 NI MAX 和 USB6211 的电机调节电压与转速测量数据

转速调节电压/V	2	3	4	5	6	7	8	9	10
USB6211 测量到的电压/V									
电机转速/(转 · min^{-1})									
USB6211 测量到的转速/(转 · min^{-1})									

（2）**基于 NI MAX 和 USB6211 的电机转速调节实验**

上一实验步骤是通过调节主机箱上的转速调节电压旋钮来调节电机转速的,实验步骤 2 将使用 NI MAX 软件配置 USB6211 DAQ 卡实现对电机转速的调节,以学习基于 NI 虚拟仪器的模拟电压输出(AO)方法。

①将主机箱中的转速调节 0~24 V 旋钮旋到中间位置(输出 12 V,用电压表测量),将主机箱中频率/转速表的切换开关切换到转速处。再按图 12.8 所示接线：USB6211 的 AO0、AOGND(USB6211 的模拟输出通道 aO0)分别连接至电流放大电路的 IN、GND 端,电流放大电路的 OUT、GND 分别连接至转动源上转动电源的+、-端以驱动转动源的电机转动,电流放大电路由主机箱上的转速调节电源供电;转动源上的光电转速传感器输出的脉冲信号+、-端连接至主机箱上频率/转速表输入端;用 USB 电缆将 USB6211 和安装有 NI MAX 和 LabVIEW2013 版软件的计算机连接起来。

②运行 NI MAX 软件,创建电机转速调节任务：鼠标右键点击“数据邻居”,选择“新建”→“NI DAQmx 任务”,然后点击“下一步”,选择“生成信号”→“模拟输出”→“电压”,然后在弹出的物理通道选择界面中选择 Dev1(USB6211)的“aO0”通道后,点击“下一步”,将任务名保存为“电机转速调节”后点击“完成”,将弹出如图 12.9 所示的任务运行界面;将接线端配置设置为“RSE(单端)”方式,将采集模式设置为“1 采样(按要求)”,信号输出范围设置为-10~+10 V,设置完毕后点击“保存”按键进行保存。

③打开主机箱电源,在 NI MAX 软件中运行“电机转速调节”任务,增大 USB6211 的 AO0 通道的输出电压,直到转盘可以稳定转动,记录此时的电压值和主机箱上频率/转速表显示的数值。

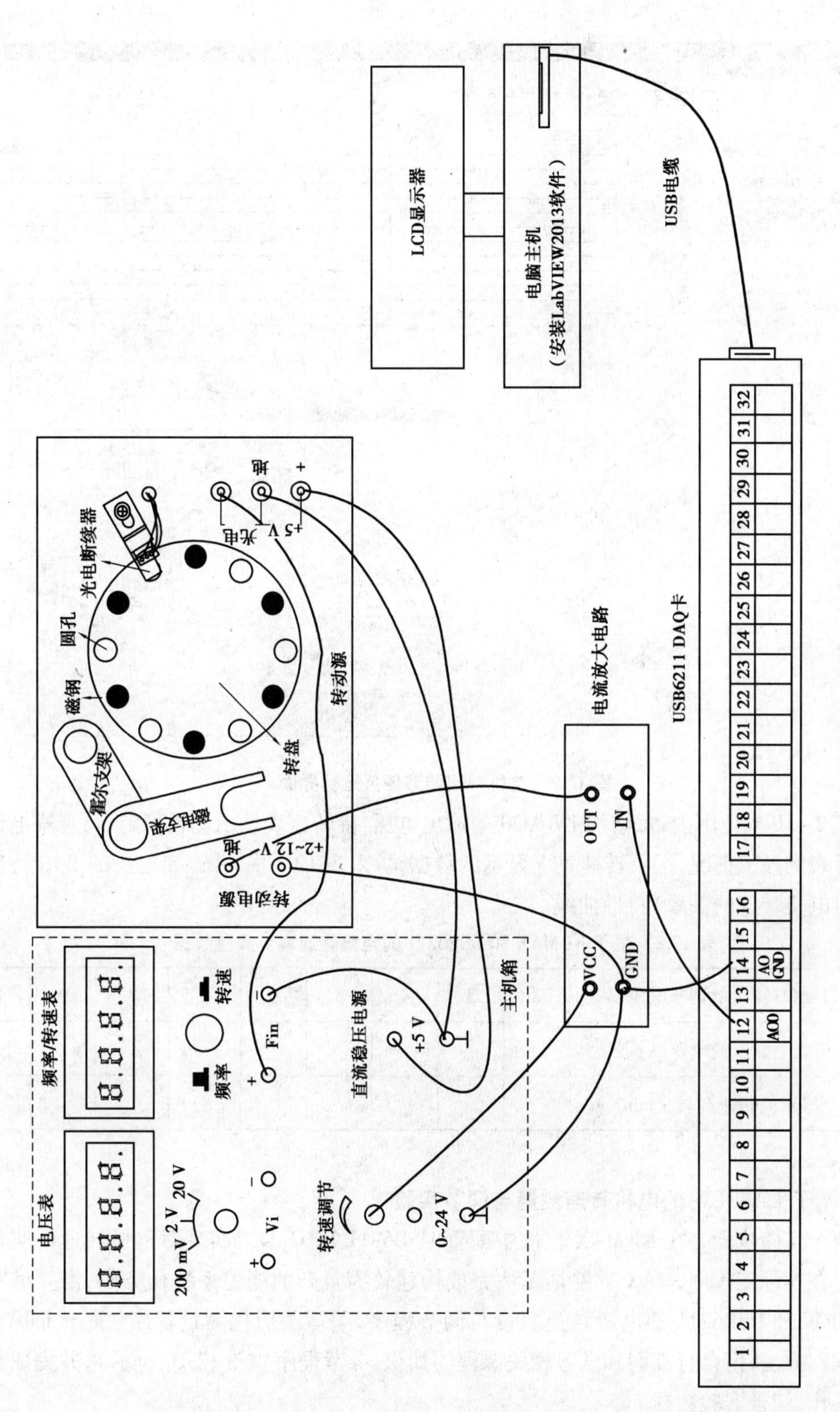

图12.8　基于NI USB6211的电机转速条件接线示意图

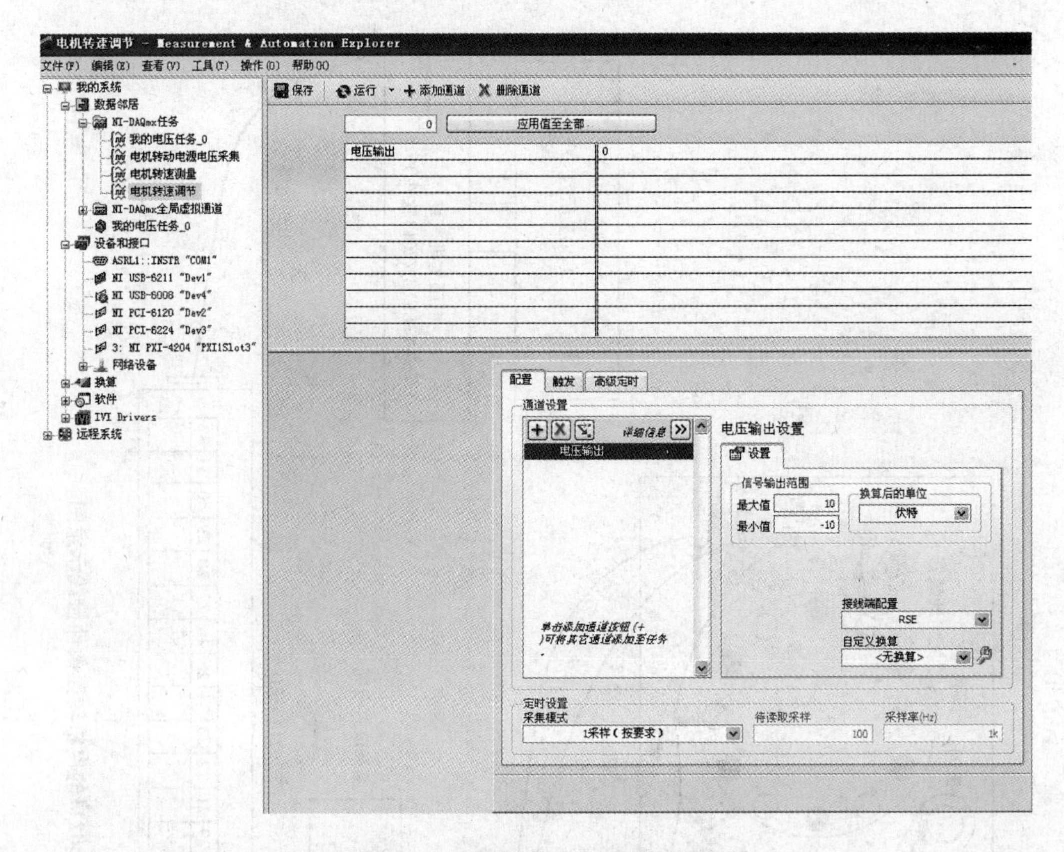

图 12.9 电机转速调节任务运行界面

④在 2~10 V 范围内，每增加 1V AO0 的输出电压，待转速表显示比较稳定后，观察电机转动及转速表的显示情况，记录转速表上显示的数据，填入表 12.2 中，并画出电机的 *V-n*(转速调节电压与电机转速的关系)特性曲线。

表 12.2 基于 NI MAX 和 USB6211 的电机转速调节实验数据

USB6211 AO0 输出的调节电压/V	2	3	4	5	6	7	8	9	10
电压表上显示的电压/V									
转速表上显示的转速/(转·min^{-1})									

(3)基于 LabVIEW 的电机转速测量与调节实验

前两个实验步骤是在 NI MAX 软件中配置 USB6211 DAQ 卡以实现对电机转速的测量与调节的。在实际工程中，MAX 软件是无法完成构建较为复杂的测控系统任务的，需要编写基于 LabVIEW 和 USB6211 的电机转速测量与调节程序，编写图形化测量程序(关于 LabVIEW 软件的编程方法，请自行查询和学习相关课程的知识，参考程序如图 12.10 所示)，并完成相应的实验操作，记录实验数据。

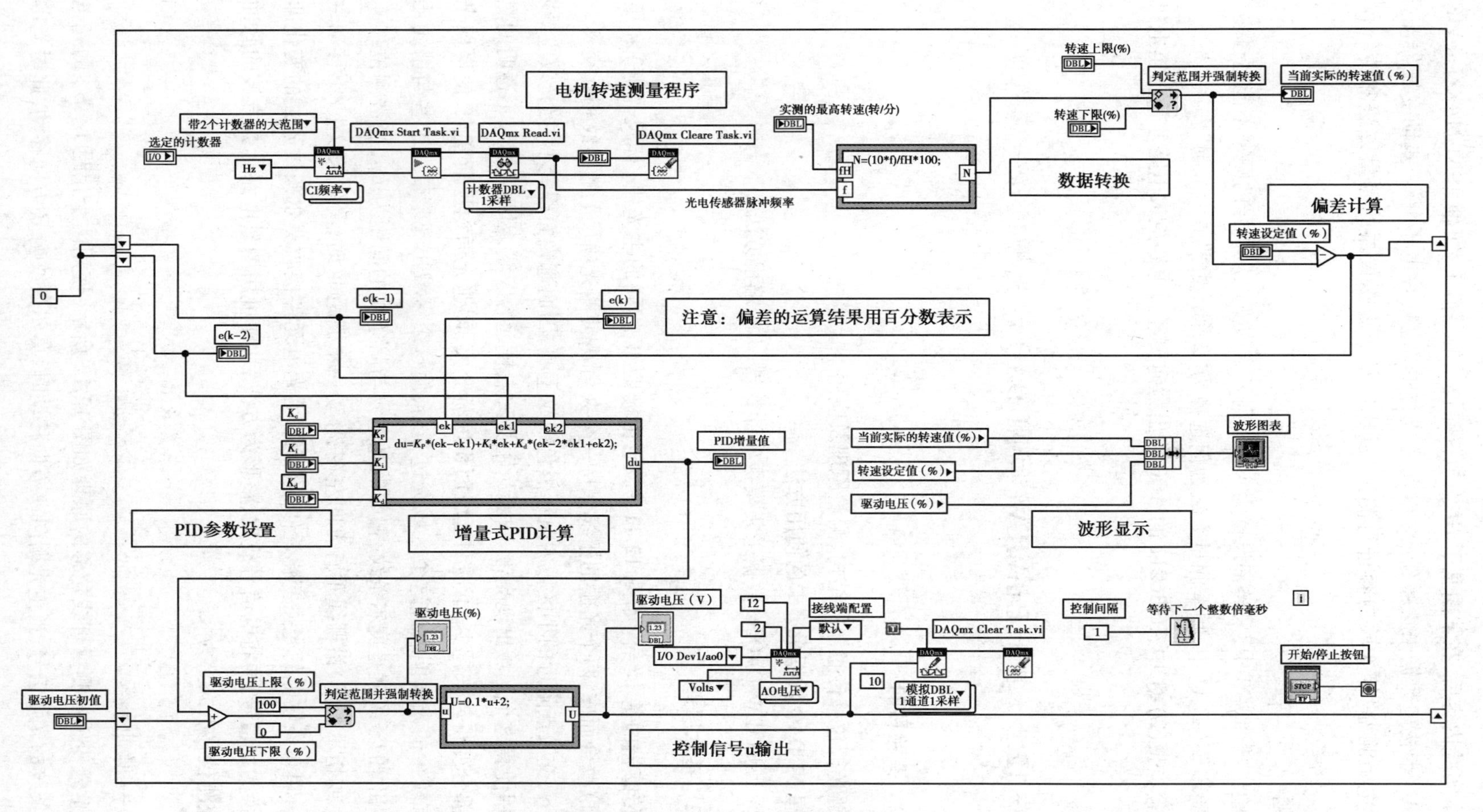

图12.10　电机转速增量式PID控制LabVIEW参考程序

完成本实验内容后，在掌握基于NI虚拟仪器技术的基础上，可使用NI MAX/LabVIEW软件和NI DAQ卡构建数据采集系统，对以前完成过的“应变片电子秤”“差动变压器测振动”“PT100热电阻测温”等实验内容进行测试，以比较基于虚拟仪器的测量方法和传统仪器的区别。

思考题

1. 实验步骤(1)-③中，采样率设置为1kHz，则要求被测电压信号的频率不能超过多少？

2. 实验步骤(1)-④中，频率测量方法为何选择为“2个计数器的大范围”？

3. 实验步骤(2)-①中，USB6211的AO0输出为何要经过电路放大电路才输出至电机的转动电源？

实验12.2 基于LabVIEW和NI DAQ的光栅位移传感器实验

12.2.1 实验目的

①了解光栅位移传感器的结构、测量原理及应用。

②掌握NI DAQ数据采集卡的使用方法。

③掌握LabVIEW DAQmx数据采集模板中计数器.vi的编程方法。

12.2.2 基本原理

光栅传感器的基本结构如图12.11所示：由栅距W相同的主光栅(标尺光栅)和短光栅(指示光栅)叠合而成，两个光栅的栅线保持一个夹角θ，使两光栅尺上的线纹相互交叉。在光源的照射下，交叉点附近的小区域内由于黑色线纹重叠，因而遮光面积最小，挡光效应最弱，光的累积作用使得这个区域出现亮带。相反，距交叉点较远的区域，因两光栅尺不透明的黑色条纹的重叠部分变得越来越少，不透明区域面积逐渐变大，即遮光面积逐渐变大，使得挡光效应变强，只有较少的光线能通过这个区域透过光栅，使这个区域出现暗带。这些与栅线几乎垂直，明、暗相间的条纹就是莫尔条纹，相邻的亮条纹与暗条纹的间距为B_H，当被测位移x带动标尺光栅(或指示光栅)沿栅线垂直方向左/右移动一个栅距W时，莫尔条纹上/下移动一个条纹间距B_H，莫尔条纹上的光强变化近似正弦波，用光电元件接收莫尔条纹光强的变化即可将光信号转换为电信号，再将电信号放大、整形为方波后，即可用测量电路计数方波的脉冲数和频率，则被测位移的大小为

$$x = N \times W \tag{12.1}$$

式中　N——脉冲个数。

使用光栅传感器测量直线位移的原理如图12.12所示：使用两个相距$1/4B_H$的光电元件接收莫尔条纹的光强信号，当主光栅向A方向移动时，莫尔条纹向B方向移动，此时光电元件

2 输出的方波信号 U_2 在相位上滞后光电元件 1 输出的方波信号 $U_1$90°，其波形如图 12.13 所示；相反，当主光栅向 A'方向移动时，莫尔条纹向 B'方向移动，此时光电元件 2 输出的方波信号 U_2 在相位上超前 $U_1$90°。

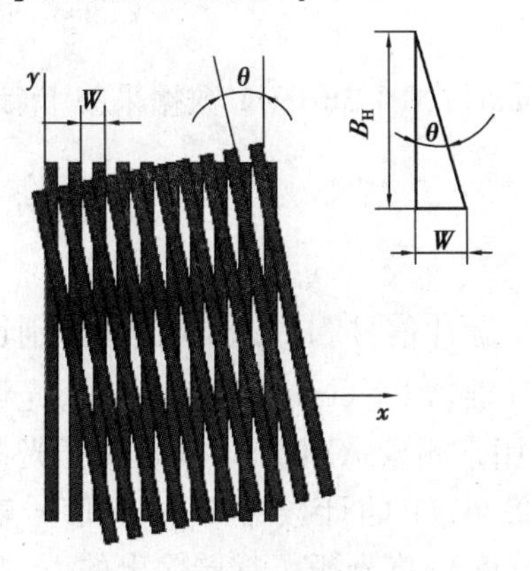

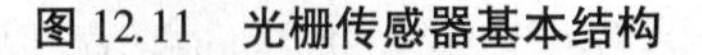

图 12.11　光栅传感器基本结构

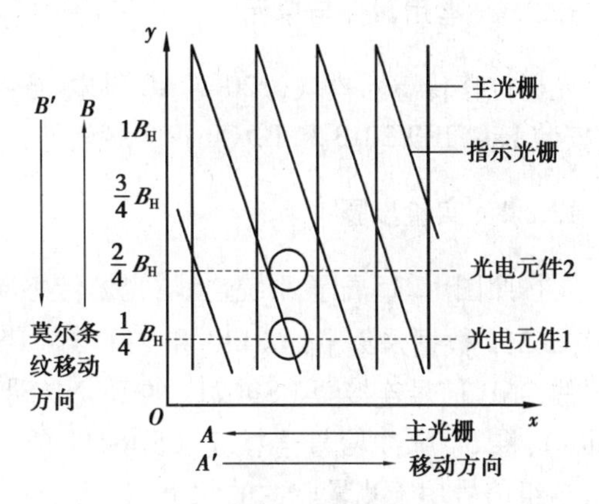

图 12.12　光栅传感器测位移原理

使用 MCU（如单片机、DSP、ARM 等微控制器）测量光栅脉冲波形时，典型的方法如图 12.14所示：将 U_1 脉冲连接 MCU 的外部中断 INT0 端（设置为上升沿触发），U_2 脉冲连接至 MCU 的数字 I/O 端，当光栅在初始位置时，重置计数器初值。被测位移 x 带动指示光栅移动时，U_1 和 U_2 端口会输出脉冲信号，在 U_1 脉冲上升沿时触发 MCU 中断，在中断程序中读取 U_2 脉冲的电平。若 U_2 脉冲为低电平，则计数器计数值 $N+1$；若 U_2 脉冲为高电平，则计数器计数值 $N-1$。计数器的值 N 表示了 x 的大小，N 的符号表示了 x 的方向，脉冲的频率表示了 x 的速度。

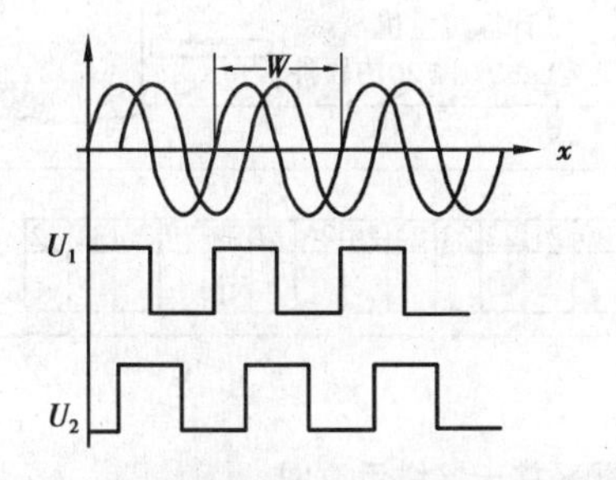

图 12.13　主光栅向 A 方向移动时脉冲波形

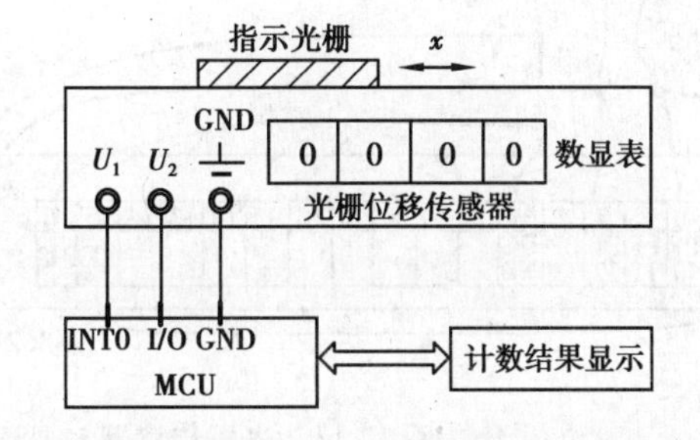

图 12.14　使用 MCU 测量光栅脉冲信号原理

使用 MCU 测量光栅脉冲需要较为复杂的编程，很不方便。因此本实验采用 NI 公司的 LabVIEW 虚拟仪器软件和 DAQ（数据采集卡）采集光栅的脉冲信号进行分析和处理以测量位移 x 的大小、方向和速度，开发时间大大缩短，功能更为灵活，并可以很方便地构建网络化测控系统。

LabVIEW 软件提供了丰富的用于数据采集、信号分析、图形表达/数据存储、控制运算等的函数模板（工具包），其 DAQmx 数据采集函数模板中的计数器.vi，可以实现对单路脉冲信号的频率、周期、边沿计数、脉冲宽度的测量，以及实现对诸如光栅传感器、线性/角度编码器等双路脉冲信号的位置测量，测量方式灵活多变；LabVIEW 软件基于计算机（PC）平台，采用图形化编程，即使没有学习 MCU 硬件开发知识和嵌入式编程语言，也能很容易地使用其开发测试系统(LabVIEW 软件和 NI DAQ 的操作和编程方法,请自行查询和学习相关课程的知识,本实验不再加以介绍)。

12.2.3 需用器件与单元

光栅位移传感器模块(220 V AC 供电,栅线密度 50/mm)、NI USB-6211 数据采集卡、计算机(安装 LabVIEW2013 和 DAQmx9.7 版软件)。

12.2.4 实验步骤

①按照图 12.15 配置系统连线:光栅传感器输出的 U_1 脉冲信号和 U_2 脉冲信号分别连接至 USB6211 数据采集卡的 PFI0 和 PFI1 端(USB6211 的计数器 0—ctr0 信号输入端),光栅传感器的 GND 信号连接至 USB6211 的 DGND 端,这组信号用于测量脉冲的个数(正比于光栅的位移 x);将 U_2 脉冲信号连接至 USB6211 的 PF12 端(USB6211 的计数器 1—ctr1 信号输入端),这组信号用于测量脉冲的频率(正比于光栅的位移速度);将光栅传感器输出的 U_1 脉冲信号和 GND 信号连接至 USB6211 的 AI0、AI8(USB6211 的差分模拟输入通道 ai0),U_2 脉冲信号和 GND 信号连接至 USB6211 的 AI1、AI9 (USB6211 的差分模拟输入通道 ai1),这两组信号用于测量脉冲信号的波形;用 USB 电缆将 USB6211 和安装有 LabVIEW2013 软件的计算机连接起来。

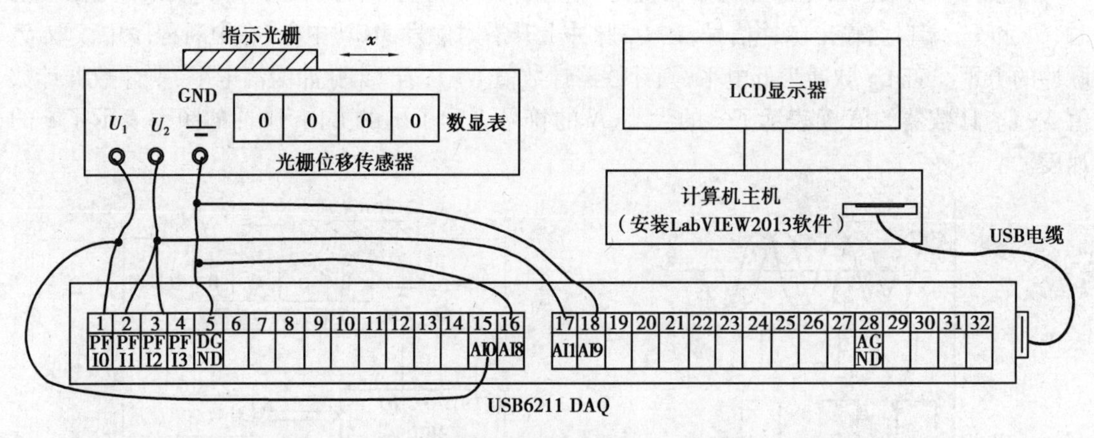

图 12.15 光栅传感器与 USB6211 数据采集卡接线示意图

②使用 LabVIEW 软件 DAQmx 数据采集函数模板中的计数器.vi 编写测量光栅位移的图形化程序,参考程序如图 12.16 所示。

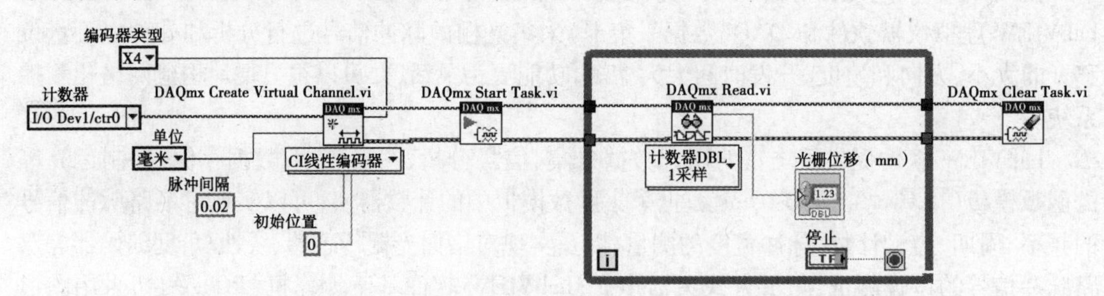

图 12.16 测量光栅位移的 LabVIEW 图形化程序

该程序的说明如下：在 DAQmx Create Virtual Channel.vi 的下拉菜单中顺序选择“计数器输入”→“位置”→“CI 线性编码器”；DAQmx Create Virtual Channel.vi 的输入端子中，“计数器”端子选择 Dev1/ctr0（当前使用的 USB6211 设备编号为 Dev1，使用其 ctr0 计数器测量光栅传感器输出的编码脉冲信号；“编码器类型”选择为 X4 类型；“单位”设置为毫米（mm），“脉冲间隔”设置为 0.02（实验所用的 50 线光栅，每移动 0.02 mm 产生一个脉冲）；DAQmx Start Task.vi 用于启动该脉冲计数（位移测量）任务，当启动后 USB-6211 即可按设定的方式将对光栅输出的脉冲信号进行计数，并将计数结果发送到计算机缓存中；DAQmx Read.vi 用于从缓存中读出所测量到的光栅位移；DAQmx Clear Task.vi：用于清除 DAQmx 任务并释放缓存。

③编写测量光栅输出的脉冲频率的图形化程序，参考程序如图 12.17 所示。

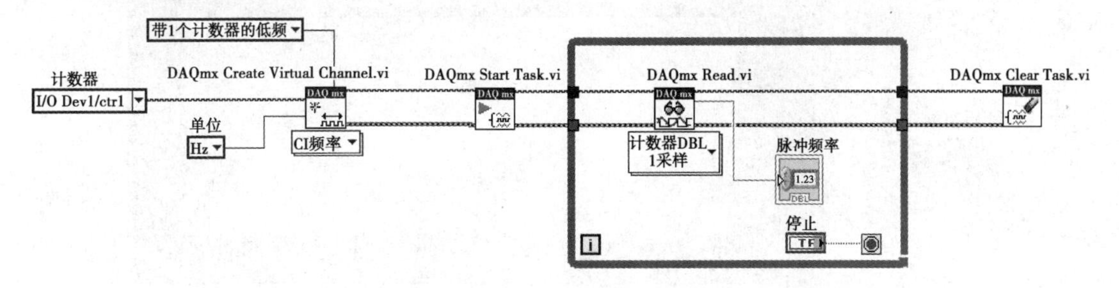

图 12.17　测量光栅输出的脉冲频率的 LabVIEW 图形化程序

该程序的说明如下：在 DAQmx Create Virtual Channel.vi 的下拉菜单中顺序选择“计数器输入”→“CI 频率”；DAQmx Create Virtual Channel.vi 的输入端子中，“计数器”端子选择 Dev1/ctr1（使用其 ctr1 计数器测量光栅传感器输出的脉冲信号频率）；“测量方式”端子设置为“带 1 个计数器的低频”；DAQmx Start Task.vi 用于启动该频率测量任务，当启动后 USB-6211 即可按设定的方式将对光栅输出的脉冲信号频率进行测量（注：U_1 和 U_2 脉冲的频率是一样的，因此此处只测量了 U_2 脉冲信号的频率），并将测量结果发送到计算机缓存中；DAQmx Read.vi 用于从缓存中读出所测量到的脉冲频率；DAQmx Clear Task.vi：用于清除 DAQmx 任务并释放缓存。

④编写测量光栅输出的脉冲信号波形的程序，参考程序如图 12.18 所示。

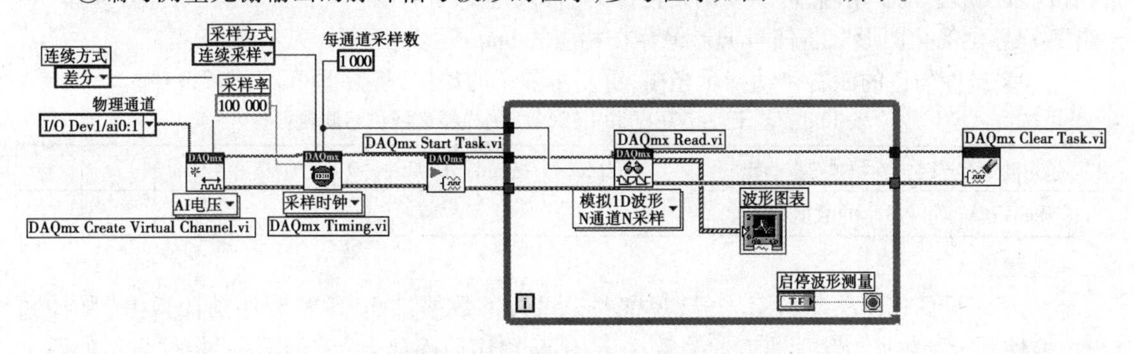

图 12.18　测量光栅输出脉冲波形的 LabVIEW 图形化程序

该程序的说明如下：在 DAQmx Create Virtual Channel.vi 的下拉菜单中顺序选择“模拟输入”→“AI 电压”；DAQmx Create Virtual Channel.vi 的输入端子中，“物理通道”设置为 Dev1/ai：0：1，“连线方式”设置为“差分”（当前使用的 USB6211 设备编号为 Dev1，使用其 ai0、ai1 差分通道分别计数器测量光栅传感器输出的 U_1 和 U_2 脉冲信号波形）；DAQmx Timing.vi，用于设置通道的采样率(100 000 Hz,USB6211 的模拟信号采样频率最大为 250 000 Hz)、采样方式(连续采样)和每通道采样数(1 000,意味着每次循环显示 1 000/100 000=0.01 s 的信号波形);DAQmx Start Task.vi 用于启动该脉冲信号波形测量任务,当启动后 USB-6211 即可按设定的方式将对光栅输出的 U_1 和 U_2 脉冲信号波形进行采样,并将采样结果发送到计算机缓存中;DAQmx Read.vi 用于从缓存中读出所测量到的脉冲信号波形数据,因为采样的是两个通道的脉冲波形,因此其下拉菜单选择“模拟 1D 波形,N 通道 N 采样”;DAQmx Read.vi 输出的脉冲信号数据用一个“波形图表”控件显示。

⑤步骤②、③、④所编写的程序框图对应的前面板控件如图 12.19 所示。

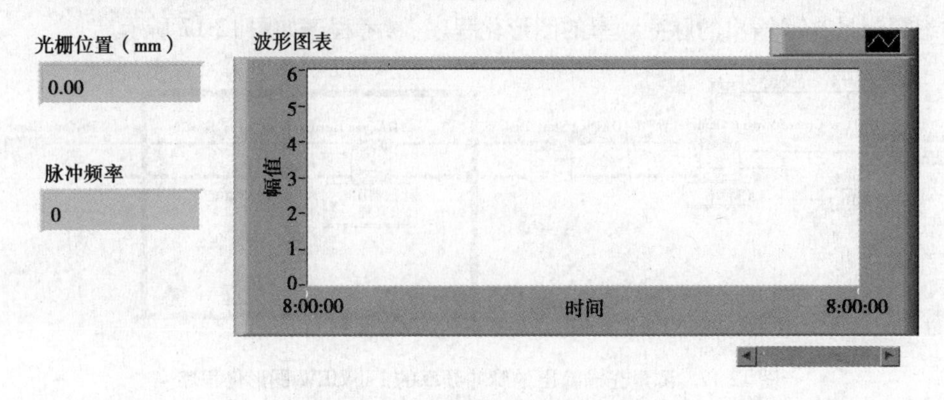

图 12.19　测量程序的前面板控件

⑥打开光栅传感器的电源开关,将指示光栅移动至刻度的中间位置,按下光栅传感器上的“复位”按钮,使其数显表上显示的数字为“0”;运行所编写的 LabVIEW 测量程序,将“光栅位置”控件的值设置为“0”,并将“波形图表”控件的显示标尺设置为“自动”。

⑦缓慢而匀速的向左移动指示光栅,观察并记录以下数据:光栅上数显表上显示的数据和 LabVIEW 程序前面板上“光栅位置”控件显示的数据变化趋势,并进行对比,将数据填入表 12.3中;LabVIEW 程序前面板上“波形图表”控件显示的 2 个脉冲信号波形,注意观察信号的相位(若波形显现不清晰,可手动调整控件的“标尺”参数),在控件上点击鼠标右键,选择“导出”→“导出简化图形”,将信号波形保存在相应的 bmp 图形文件中。

⑧缓慢而匀速的向右移动指示光栅,重复步骤⑦的动作,将数据填入表 12.3 中。

表 12.3　基于 LabVIEW 和 USB6211 的光栅直线位移测量数据

光栅数显表上显示的数据/mm			…	−0.02	0	0.02	…		
LabVIEW 程序显示的数据/mm									

⑨用不同的速度移动指示光栅,观察并记录以下数据:LabVIEW 程序前面板上“脉冲频率”控件显示的数据与移动速度的关系;LabVIEW 程序前面板上“波形图表”控件显示的两个脉冲信号波形,注意观察波形的频率变化趋势并导出其简化图形。

思考题

1.测量脉冲频率时采用测频法和测周法有何区别? 二者分别适用于哪些场合?

2.在实验步骤③所编写的脉冲频率测量 LabVIEW 程序中,“测量方式”端子为何设置为“带 1 个计数器的低频”而不是“带 1 个计数器的高频”或“带 2 个计数器的大范围”?

3.被测位移 x 的速度过大时为何测量误差非常大？若 DAQ 卡能够准确测量的最高脉冲频率为 10 kHz,则被测位移 x 的移动速度不能超过多少？

4.本实验中,位移测量的分辨率为 0.02 mm,若要提高测量的精度,可以采用哪些方法？

实验 12.3　基于 NI LabVIEW 和 USB-6211 的单容水箱液位控制实验

12.3.1　实验目的

学习如何利用 LabVIEW 开发平台设计一个单回路的单容水箱液位控制系统,使用 PID 控制算法使液位保持在设定值上。

12.3.2　实验原理

(1)基本原理

本实验的结构图如图 12.20 所示,采用 PC+LabVIEW 软件作为液位控制器(LC),将液位控制在设定高度上。将液位传感器(LT)输出的 4~20 mA 电流信号转换为 1~5 V 电压信号后,使用 USB6211 数据采集卡的模拟输入 AI 通道进行采集并上传到计算机,然后在 LabVIEW 程序中编写 PID 控制程序,根据 P、I、D 参数进行 PID 运算,将 PID 运算结果(即控制信号 u)经 USB-6211 的 AO0 通道输出到电磁阀,控制电磁阀调节水箱的进水流量,从而达到使液位值稳定在设定值上的目的。

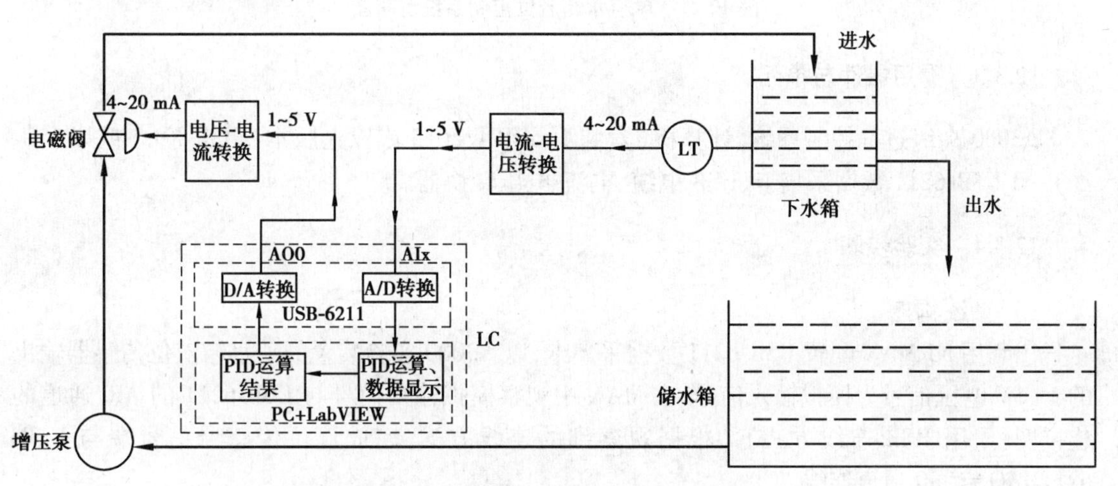

图 12.20　单容水箱液位控制系统实验结构图

(2)位置/增量式 PID 控制算法

本实验的对象属于慢速的过程控制,因而采用位置式 PID 控制算法,其计算公式为:

$$u(k) = K_{P}e(k) + K_{I}\sum_{i=0}^{k}e(i) + K_{D}[e(k) - e(k-1)] \tag{12.2}$$

式中,$u(k)$为 PID 调节器的输出值;K_P 为 PID 调节器的比例增益;$K_I = K_P \times T_S / T_I$ 为 PID 调节器的积分系数;$K_D = K_P \times T_D / T_S$ 为 PID 调节器的微分系数;T_S 为采样间隔(或 PID 计算周期);

T_I 为积分时间；T_D 为微分时间；k 为采样序号（$k=0,1,2,\cdots$）；$e(k)$ 为第 k 次采样时的偏差值；$e(k-1)$ 为第 $k-1$ 次采样时的偏差值；$u(k)$ 为本次 PID 运算输出的控制信号，u_0 为上次 PID 运算输出的控制信号。

提示：对于电机转速等运动控制，适合采样增量式 PID 控制算法，其计算公式为：

$$\begin{cases}\Delta u(k)=K_C[e(k)-e(k-1)]+K_Ie(k)+K_D[e(k)-2e(k-1)+e(k-2)]\\u(k)=\Delta u(k)+u_0\end{cases}\tag{12.3}$$

式中，$\Delta u(k)$ 为 PID 调节器增量输出值；K_C 为 PID 调节器的比例系数；K_I 为 PID 调节器的积分系数；K_D 为 PID 调节器的微分系数；k 为采样序号（$k=0,1,2,\cdots$）；$e(k)$ 为第 k 次采样时的偏差值；$e(k-1)$ 为第 $k-1$ 次采样时的偏差值；$e(k-2)$ 为第 $k-2$ 次采样时的偏差值；$u(k)$ 为本次 PID 运算输出的控制信号，u_0 为上次 PID 运算输出的控制信号。

该液位控制系统逻辑图如图 12.21 所示。

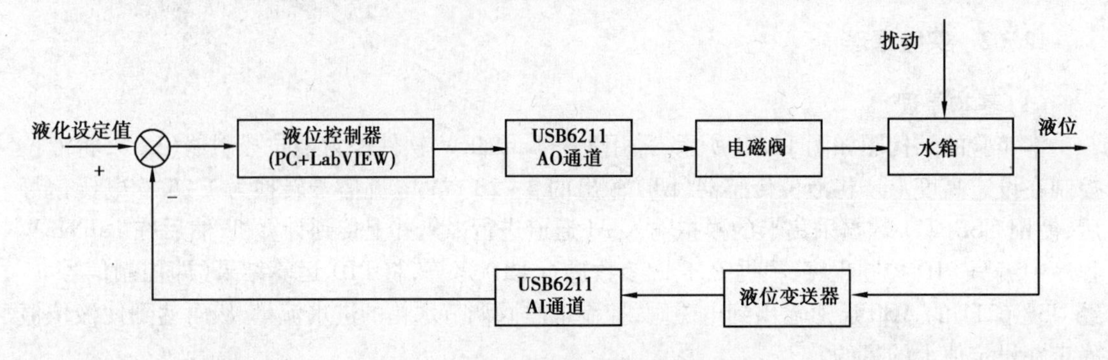

图 12.21 单容水箱液位控制系统逻辑图

12.3.3 需用器件与单元

A3000 高级过程控制系统、计算机（安装 LabVIEW2013 或以上版本，NIMAX9.5 或以上版本）、NI USB-6211 数据采集卡、USB 电缆、电流-电压转换器。

12.3.4 实验步骤

（1）系统构建

①利用 NI MAX 配置 USB-6211 数据采集卡，以 A3000 实验装置的下水箱液位传感器输出的 1~5V 电压信号为模拟输入信号，在 MAX 中观察模拟输入信号与 USB-6211 的 AI0 通道的连接图（采用 RSE 连线方式）。根据观察到的连线方式，完成液位传感器信号端与 USB-6211DAQ 卡 ai0 通道连线。

②手动控制 A3000 实验装置的电磁阀，将控制信号设置为最大（20 mA），使流量最大（则下水箱液位将不断上升直到最大值），从 USB-6211 卡的通道 ai0 中对下水箱液位数据进行采集。使用 LabVIEW 软件进行编程，在 While 循环中进行有限采样，循环间隔为 100 ms，采样速率设置为 10 kHz，每次采集 100 个点，然后对这 100 个点取平均值，将平均值的范围强制在 1~5 V（即平均值低于 1 V 就设置为 1 V，平均值高于 5 V 就设置为 5V），并转换为对应的液位值（0~100，即 1 V 对应液位 0，5 V 对应液位 100，以此类推）后，使用波形图表将液位值曲线显示出来，观察并记录曲线与实际的下水箱液位之间的关系。

③将 USB-6211 卡的 AO0 通道与 A3000 实验装置的电磁阀控制通道相连接,因为电磁阀控制信号为 4~20 mA 的电流信号,而 USB-6211 只能输出电压信号,因此将电压信号通过电压转电流模块转换为电流信号。使用 LabVIEW 软件进行编程,使 USB-6211 卡的 AO0 输出范围为 1.0~5.0 V,步长为 0.1 V 的电压值,观察并记录电磁阀的开度与输出电压的关系。

(2)编写液位控制 LabVIEW 液位的 PID 图形化控制程序

①前面板设计:LabVIEW 程序前面板要求能够用图形显示当前的采样电压值及其对应液位值,能够通过输入控件设置液位设定值和 K_P、K_I、K_D 这 3 个参数值,还能将当前液位值、设定值和 PID 控制信号 u 的曲线在同一个波形图表中进行显示。

②程序框图设计:LabVIEW 程序框图使用 While 循环,按照实验步骤(1)的设置对当前液位值进行采样,并计算出偏差值 $e(k)$;根据 $e(k)$,按照位置式 PID 控制算法计算出控制信号 $u(k)$,按照实验步骤 1 的设置将 $u(k)$通过 USB-6211 的 AO0 通道输出到电磁阀的控制端口对进水流量进行控制。

③注意事项:当停止程序时,设计一个 VI,将电压"0"输出到 USB-6211 的 AO0 通道,以防止 AO0 通道长期保持高电压状态。

该液位控制的 LabVIEW 参考程序框图如图 12.22 所示。

(3)系统运行

①运行 LabVIEW 程序,在纯比例控制下($K_I=0$、$K_D=0$),给液位设定值加入阶跃信号(注意:只有当系统稳定后才能加入新的阶跃信号,每次阶跃值为 10%。例如,将设定值由 50%变为 60%),观察并记录在不同的 K_C 值下系统的响应曲线。

②加入积分作用,在 PI 状态下整定系统,首先固定 K_C 值为中等大小,然后改变 PI 调节器的积分增益观察 K_I,记录在不同的 K_I 值下系统的响应曲线,与纯比例控制的效果进行对比,并记录不同 K_I 值时的超调量 σ 填入表 12.4 中。

表 12.4　不同 K_I 时的超调量 σ

积分增益 K_I	大	中	小
超调量 σ			

将 K_I 值固定为一合适中间值,然后改变比例增益 K_C 的大小,观察施加设定值扰动后被液位的动态波形,将不同 K_C 下的超调量 σ 填入表 12.5 中。

表 12.5　不同 K_C 值下的超调量 σ

比例增益 K_C	大	中	小
超调量 σ			

③施加扰动,将一盆水倒入水箱中,在 LabVIEW 程序前面板中观察液位曲线的变化情况,记录数据,分析系统稳定效果,包括时间、超调以及余差。根据测算结果不断修改 P、I、D 参数,以便获得最好的控制效果。

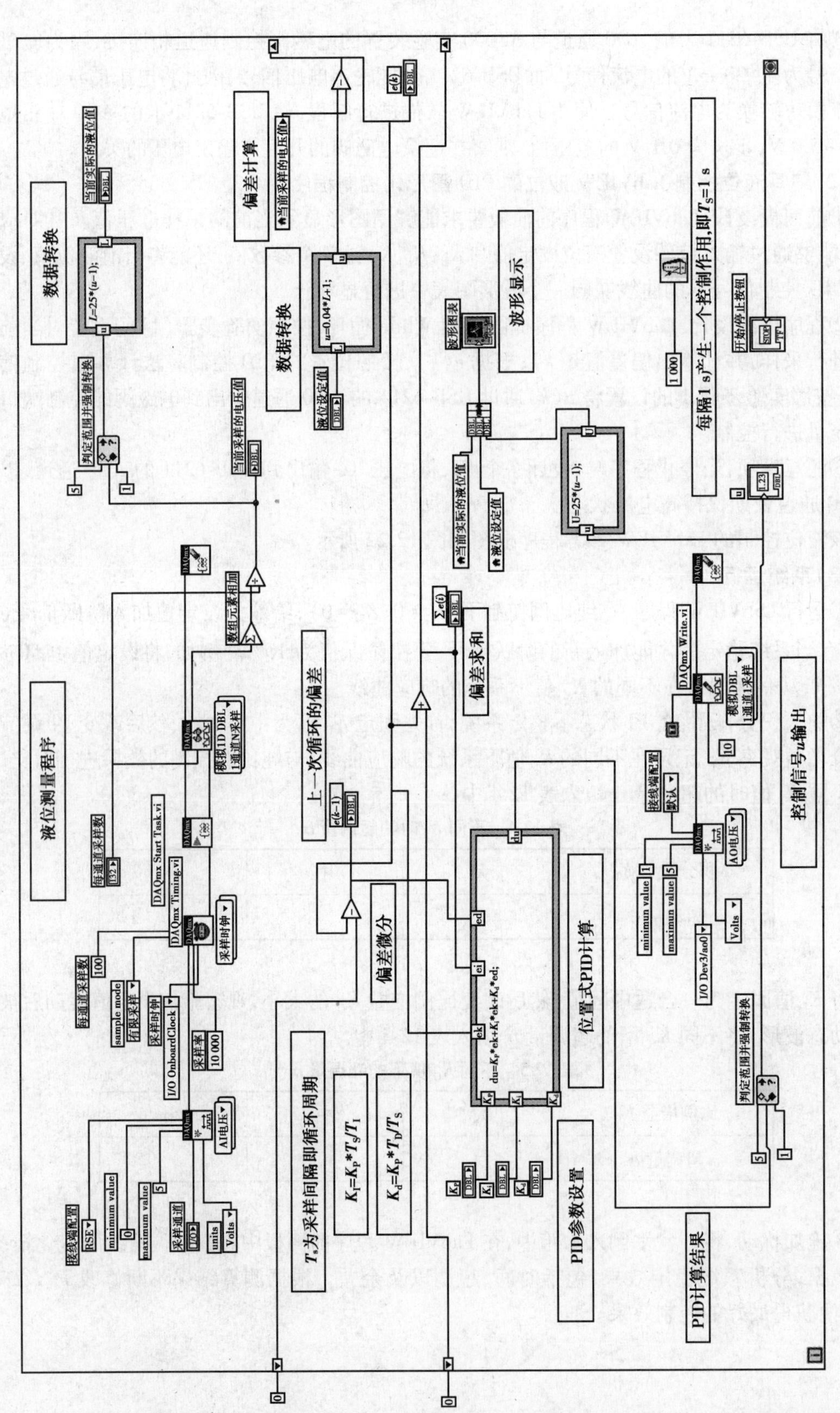

图12.22 单容水箱液位PID控制LabVIEW参考程序

④实验记录：将本次实验的 VI 程序的前面板和程序框图粘贴在实验报告文档中；将纯比例控制时，不同的 K_C 值（至少 3 个）下系统的响应曲线粘贴在文档中；将 PI 控制时，不同的 K_I 值下系统的响应曲线粘贴在文档中；将扰动作用下系统的响应曲线粘贴在文档中。

思考题

1.在实验步骤（1）-②中，为何将每次采集 100 个点取平均后作为液位测量值，而不是每次采集 1 个点直接作为液位的测量值？

2.位置式 PID 运算需要使用到上一次循环测量到的偏差值即 $e(k-1)$，在 LabVIEW 程序中该如何实现？

3.你在 LabVIEW 程序中对液位进行采样的间隔取多少？请说明理由。

4.你所编写的 PID 控制程序是否取得了较好的控制效果？如果不能，请分析原因。

参考文献

[1] 海涛,李啸骢,韦善革.现代检测技术[M].重庆:重庆大学出版社,2011.
[2] 浙江高联仪器技术有限公司 CSY(3000、4000)实验操作手册,2014.